时间塔
Tower of Time

超越存在的视野

U0363372

时间塔
Tower of Time

Adolf Loos
TROTZDEM 1900–1930

[奥地利] 阿道夫·卢斯　著

装饰与罪恶

尽管如此 1900–1930

熊庠楠　梁楹成　译

华中科技大学出版社
http://www.hustp.com
中国·武汉

图书在版编目（CIP）数据

装饰与罪恶：尽管如此1900—1930／(奥地利) 阿道夫·卢斯（Adolf Loos）著；熊庠楠，梁楹成译.
—武汉：华中科技大学出版社，2018.9（2023.2重印）
ISBN 978-7-5680-4000-6

Ⅰ.① 装… Ⅱ.① 阿…② 熊…③ 梁… Ⅲ.① 建筑理论—研究 Ⅳ.① TU-0

中国版本图书馆CIP数据核字（2018）第096376号

Trotzdem, 1900 -1930
by Adolf Loos
Copyright © 1931 by Brenner-Verlag
Simplified Chinese translation copyright © 2018
by Huazhong University of Science & Technology Press Co., Ltd.

装饰与罪恶：尽管如此1900—1930　　　　　　　　　　　[奥地利] 阿道夫·卢斯　著
ZHUANGSHI YU ZUIE: JINGUAN RUCI 1900—1930　　　　　　熊庠楠　梁楹成　译

出版发行：华中科技大学出版社（中国·武汉）　　　　电话：(027)81321913
　　　　　　武汉市东湖新技术开发区华工科技园　　　　邮编：430223

责任编辑：王　娜　　　　　　　　　　　　　　　　美术编辑：赵　娜
责任校对：赵　萌　　　　　　　　　　　　　　　　责任监印：朱　玢

印　　刷：湖北金港彩印有限公司
开　　本：880 mm×1230 mm　1/32
印　　张：9.75
字　　数：220千字
版　　次：2023年2月 第1版 第3次印刷
定　　价：58.00元

投稿邮箱：wangn@hustp.com
本书若有印装质量问题，请向出版社营销中心调换
全国免费服务热线：400-6679-118 竭诚为您服务
版权所有　侵权必究

中文版序 [1]

克里斯托弗·隆

熊庠楠　译

当《尽管如此》(*Trotzdem*) 1931 年出版的时候，阿道夫·卢斯六十一岁，身体每况愈下。两年后，在患了几次中风之后，穷困潦倒的他在维也纳城外的一家私人疗养院孤寂地去世了。对于一位声名显赫的建筑师，这是一个黯淡的结局。卢斯的名望几乎遮掩了他的成就，同时也和他对自己的历史地位的认知相冲突。在这本书的前言中，卢斯宣称他三十年来为了把人类从装饰中解放出来的抗争获得了成功。他写道："曾几何时，人们用'美丽的'来形容'装饰'。如今，通过我毕生的努力，这个形容词变为了'平庸的'。"这本书的书名，最贴近的翻译为"尽管如此"，印证了他长期奋斗和所取得的成功。这来自卢斯在前言中引用的尼采的一句话："尽管如此，重要的仍会发生。"（Das entscheidende geschieht trotzdem.）

《尽管如此》是卢斯的第二本著作。第一本《言入空谷》(*Ins Leere gesprochen*) 在 1921 年出版，收录了他 1900 年以前的文章，包括一系列他发表在《新自由报》(*Neue Freie Presse*) 上热情洋溢的评论文章。《新

---

1 译注：本文节选自克里斯托弗·隆教授所写的本书书评。原书评发表在《哈佛设计杂志》(*Harvard Design Magazine*)，Winter/Spring, 2002, 64-66.

自由报》是当时奥地利最重要的日报。《尽管如此》包含了卢斯晚期的主要作品，其时间跨度从 1900 年到 1930 年，这也是他建筑事业最活跃的时期。书中的文章包括了他的许多名篇，如《装饰与罪恶》（Ornament und Verbrechen）、《多余的"德意志制造联盟"》（Die Überflüssigen）、《建筑》（Architektur）、《约瑟夫·费里希》（Josef Veillich）、《家乡艺术》（Heimatkunst），以及《装饰与教育》（Ornament und Erziehung）。除了《来自我生活中的小故事》（Aus meinem Leben）、《文化的堕落》（Kulturentartung）和《小插曲》（Kleines Intermezzo）以外，其他所有文章都曾在奥地利日报或进步的德语文化杂志上发表过。

《尽管如此》不仅仅是卢斯作品思想的导读。任何阅读卢斯原作的人都会立刻感受到他超群的写作功力。德语国家其他的建筑师没有人能写得如此轻松流畅。毫不夸张地说，卢斯对写作的上心程度不亚于建筑。他早年最好的朋友卡尔·克劳斯和彼得·艾滕贝格都是作家，这印证了他对写作的重视。卢斯的文章的出彩之处不仅在于它的直接——他的写作通常是面向大众，而不仅仅是面向建筑师和设计师，还在于它的简洁明确。几乎没有多余的词，更少见偏题的思路。没有任何英语翻译再现了他清澈的文风或尖酸的打趣。确实，作为一位作家和思想家，卢斯与门肯[1]有很多共同点，而不太像柯布西耶。尖酸的嘲讽、强烈的道德愤

---

1 译注：门肯（H. L. Mencken）是美国 20 世纪上半叶著名的讽刺和文化批判作家。他的《美语》（*The American Language*）研究英语在美国各地的使用习惯，并分析了许多俚语的运用和来源。这本书是研究语言的经典作品之一。

慨和调侃式的幽默构成了他无情的文化批判。

《尽管如此》从来没有大卖过。一家主要出版奥地利当代文学的小型出版社出版了它，为数不多的人阅读了它[1]。这本书默默无闻了三十年，直到 20 世纪 60 年代初期卢斯被重新发现。这本书所遭受的冷遇和它出版的时机有关。在 20 世纪 20 年代晚期，卢斯几乎是个被遗忘的人物：他的作品和思想与当时占主导地位的"客观性"（sachlichkeit）思想相左；德国年轻一代现代主义者们认为他不合时宜（démodé）。只有 1929 年发表在《法兰克福人》（*Frankfurter Zeitung*）上的《装饰与罪恶》和其他几篇文章拥有较广泛的读者群[2]。直到 20 世纪 30 年代中期，尼古拉斯·佩夫斯纳（Nikolaus Pevsner）仍这样评价卢斯："卢斯是现代建筑重要的设计者之一。尽管如此，在他的一生中，他的名声只局限于一小圈崇拜者中。在很长一段时间内，他的影响甚微。和他相比，现代主义建筑其他的领军人物则被更多讨论和模仿。"

随着纳粹在德国权力的扩大，中欧现代主义逐渐式微。直到二十年后，卢斯的贡献才被完全发现和认可。路德维希·穆慈（Ludwig Münz）和古斯塔夫·昆斯特勒（Gustav Künstler）所著的《建筑师阿道夫·卢斯》和两册由弗兰茨·格律克（Franz Glück）编辑的卢斯完整的文集

---

1 关于同时代的人对卢斯的评价，请见 Philip Lehmann, "Architektur von Menschen her", *Frankfurter Zeitung*, 8 February 1931, 17.

2 Nikolaus Pevsner, *Pioneers of the Modern Movement from William Morris to Walter Gropius* (London: Faber & Faber, 1936), 192.

引起了始于20世纪60年代初的卢斯复兴[1]。后者收录了《言人空谷》和《尽管如此》里的所有篇目，也让卢斯的作品首次变得容易查阅。近些年，维也纳的乔治·普哈西纳出版社（Georg Prachner Verlag）重新出版了这两本书[2]。

　　但是，人们——至少在英语国家里——仍然是常常引用但很少阅读卢斯的作品。人们常常把他看成顽固不化的功能主义者，或者更甚，把他看成是20世纪初期的萨伏那洛拉[3]，认为他主张清洗掉建筑上的一切不洁。勒·柯布西耶不止一次地说，卢斯带给建筑一场彻底的大清洗，更使得人们把卢斯看成一个极端的禁欲主义者。卢斯也对他自己被误解的形象负有责任：他戏剧化的夸张措辞有时候掩盖了他真正的观点。例如，"装饰与罪恶"这个标题就颇具有挑衅的意味，但只要浏览过这篇文章的人都能发现，它的内容和人们固有的印象不相符——卢斯从未断言装饰是罪恶，也没有主张根除所有装饰；他只是说："文化的进化意味着从日用品逐渐剥离装饰的过程。"

---

1 Ludwig Münz and Gustav Künstler, *Der Architekt Adolf Loos: Darstellung seines Schaffens nach Werkgruppen/Chronologisches Werkverzeichnis* (Vienna and Munich: Schroll, 1964); Adolf Loos, *Sämtlich Schriften*, volume 1, ed. Franz Glück (Vienna: Verlag Herold, 1963). 第二册没有发行。

2 Adolf Loos, *Ins Leere gesprochen 1897-1900*, ed. Adolf Opel (Vienna: Georg Prachner Verlag, 1981); Loos, *Trtzdem 1900-1930*, ed. Adolf Opel (Vienna: Georg Prachner Verlag, 1982).

3 译注：吉洛拉谟·萨伏那洛拉（Girolamo Savonarola，1452—1498），意大利文艺复兴时期的宗教改革家，他支持市民的权力并主张基督教改革。

如今对世纪之交维也纳设计方面的重要文献的攻击，缺乏卢斯的写作中实事求是的品质。这些文章持续地引用和误读卢斯对各式话题的看法。卢斯的文章从来都是充满洞见，直指要害，有时甚至是富有先见之明，但是它们算不上深谋远虑。卢斯的批判洞见不如他同时代更年轻的同行瓦尔特·本亚明（Walter Benjamin）或汉娜·阿伦特（Hannah Arendt），但他对日常生活观察得细致深入，他也很善于把他对日常所见的忧虑转化为一套实用哲学。卢斯的天分在于他能够以简单直接的方式表达他所见的变化的深远含义，并为之提出替代方案。

卢斯大多数文章都是针对他所生活的维也纳。尽管这些作品超越了报道文章的价值，但他的写作明显带有记者的风范。确实，卢斯对品位的看法和判断不属于我们的时代，例如他认定刺青是罪犯或堕落的人的标记，这和我们如今身体艺术的潮流相左。如果像阿道夫·欧培尔所说的那样，"今天需要的是精选他（卢斯）的作品，忽略那些过时的、边缘性的，或具有时效性话题的"[1]，我们会错失他的文章中的重要部分。他的文章的意义部分依赖于其特有的历史性，或者说是依赖于他对时事的讨论。例如，在《来自我生活中的小故事》一文中，卢斯写道：

> 我在街上遇到了著名的现代室内装饰师。
>
> 你好，我说，昨天我去参观了一栋你设计的住宅。

---

1 译注：阿道夫·欧培尔（Adolf Opel）选编了卢斯的英文文集。英语国家的学生主要是通过欧培尔的选集了解卢斯的作品。Adolf Opel, Introduction to *Ornament and Crime, Selected Essays*, 11.

　　这样，哪一个呀？

　　Y 博士的住宅。

　　什么，Y 博士的住宅？看在上帝的份上，您别去参观那堆垃圾。那是我三年前的设计。

　　您可别说！您看，亲爱的同行，我一直觉得我们之间存在着一个原则性的区别。现在我明白了，这区别仅仅在于时差，甚至是个用年来衡量的时差。三年！我那时就已经断言它是堆垃圾，而您到今天才意识到。

　　一方面，这篇短文是对青年风格及其设计者的直面攻击；另一方面，它也涉及了时尚转瞬即逝的本质，时尚意味着快速的过时。卢斯敏锐地观察现代性的形成，这一话题在他早期的文章中曾多次出现。这里卢斯运用了 raumkünstler 一词。这个词可以翻译为"室内装饰师"，但它字面的意思是"房间艺术家"或"空间艺术家"。卢斯使用这个词的时候带有讥讽的口吻。室内的设计，事实上，所有日用品的设计都不应宣称属于艺术领域，而应属于工艺的领域。艺术意味着创作出引人深思的物品，而工艺意味着生产出实用的东西（即使好看）。而现代设计的问题在于混淆了两者。一种真正的现代风格，卢斯相信，是自生的，人们只需要从日常无名的手工艺人作品中找寻这种风格即可。莉娜·卢斯（Lina Loos），卢斯的第一任妻子，回忆到她第一次见到卢斯的时候，卢斯十分珍视的俄国烟盒：它由磨光的桦木制成，"显现出木头自身装饰性的美"，它"仅仅通过形式的功能性来表达它的美"[1]。

---

1 Lina Loos, *Das Buch ohne Titel: Erlebte Geschichten*, eds. Adolf Opel and Herbert Schimek (Frankfurt and Berlin: Ullstein, 1986), 81.

卢斯的文章中贯穿着这样一种观念：自然的形式本身就是美的。1917年他在《住手！》中写道："高档的材质是神的恩赐。为了一条宝贵的珍珠链子我很乐意用莱俪的所有艺术品或维也纳工坊的所有珠宝去换。"卢斯也同样重视人造的装饰，只要那装饰合情合理。在《约瑟夫·费里希》中，卢斯悼念了他亲爱的木匠师傅。卢斯在他的室内使用了许多由这位木匠师傅制造的齐本德尔家具[1]。他抗议说，问题不在于装饰本身，而在于有能力"清晰地区分艺术和手工艺"。齐本德尔椅子在当今依然舒适得体，尽管它有装饰性细节。这是因为它是手工艺人艺术的完美范例，并且它仍然实用。

卢斯的文章也向我们展示了卢斯设计的思路。确实，卢斯写作的显著特色之一在于其高度的一致性。在 19 世纪 90 年代晚期，卢斯已经阐明了他的基本设计哲学，尽管他的思想日后有些许发展，但总的来说在此后的三十年内他的观点改变得很少。同样值得一提的是，联系 20 世纪其他建筑师的文章和作品，我们会发现卢斯的文章和他的建筑作品高度相符。卢斯的写作对应卢斯的实践：他自己的道德观不允许他不这样做。

例如，在《关于我在圣米歇尔广场的房子的两篇文章和一封信件》(Zwei Aufsätze und eine Zuschrift über das Haus auf dem Michaelerplatz) 一文中，

---

1 "齐本德尔"（Chippendale）一词源于 18 世纪中期英国著名家具大师托马斯·齐本德尔出版的《绅士和木匠指南》(*The Gentleman and Cabinet-maker's Director*)。该书影响很大，其中包含了一百六十套桌椅、橱柜、衣橱、梳妆台等常见家具的图纸。而这些家具设计通常融合了洛可可、中国风、哥特风以及新古典主义风格的样式。见《家具与人》一文注释。

卢斯清楚直接地解释了这栋房子的设计及其内在逻辑。卢斯决定在较低的楼层采用大理石贴面而在较高的楼层覆上抹灰，是因为两者功能不同（较低的楼层里是一家高档的成衣店而楼上是公寓）。而且，两者的材料选择则基于维也纳的建筑传统。较高楼层的石灰表面回应了中心区资产阶级的老房子，而成衣店的室内则"需要一套现代的解决方案。诚然，过去大师没有留给我们任何现代商业可参考的模式，也没有可以参照的电灯照明，但如果他们从坟墓中复活，很快就能为我们找到解决的办法。他们不会采用所谓的现代主义，也不会像那些复古风的设计者那样，在老式烛台里插进带有灯泡的陶瓷蜡烛。他们会采取全新的现代的办法，这个办法会和这对立的两派截然不同"。

从今天的视角来看，认定现代主义是基于传统的生产方式的思想或许是《尽管如此》一书中最重要也是最吸引人的思想了。卢斯的好友奥斯卡•柯克西卡回忆说，卢斯所珍视的收藏中有一本早期意大利版本的维特鲁威。它是卢斯的"圣经"，他写道，它引导卢斯"合理地处理材料和使用建筑元素"[1]。卢斯在 1909 年的《建筑》一文中坚称"我们的文化是建立在对经典建筑的超群伟大之处的认同基础之上的。我们从古罗马人那里继承了思考和感觉的方式，同时他们也教会了我们社会观念和精神的培养"。

但是，卢斯的现代主义之道并不仅仅基于对过去的重新考虑，他对他身边变化的世界也同样审慎地质询着。《尽管如此》的核心——同样也是卢斯所有作品的核心——是希望清楚地划分不同事物之间的界限：来自过

---

1 Oskar Kokoschka, *My Life*, trans. David Britt (New York: Macmillan, 1974), 36.

去但如今仍然充满活力的事物和那些活力不再的事物之间的界限，艺术领域和日常范围的界限，真实存在的和人为设计的事物之间的界限。卢斯留给我们的时代的教义存在于这个区分不同事物的过程中。在《建筑》一文中他写道："建筑师把神圣的房屋艺术降格为平面艺术。获得项目委托最多的不是建得最好的而是画得最好的。这两者截然相反。"

同样，卢斯认为我们迷失了建筑真正的方向："建筑唤起人心中的情绪，因此建筑的任务是赋予这种情绪精准的表现。一个房间应该看起来舒适，一套房子应该住起来很宜居。法庭应该看起来对潜在的邪恶势力有震慑作用。银行应该传达出'你的财产在这里由诚实的人妥善保管'的理念。"

在这样一个学校常常看起来像监狱、郊区住宅力图展现宫殿的宏伟的时代，这样的建议显得格外应景。

克里斯托弗 • 隆（Christopher Long），得州大学奥斯汀分校（University of Texas at Austin），马丁 • 柯玛西世纪教席（Martin S. Kermacy Centennial Professor）建筑学教授。

译 序

熊庠楠

这本译作基于 1931 年出版的卢斯的文集《尽管如此 1900—1930》（*Trotzdem 1900-1930*），是卢斯生前出版的仅有的两本文集之一。其中收录了卢斯职业生涯成熟时期的主要文章，包括建筑理论名篇《装饰与罪恶》和《建筑》。

翻译卢斯的文集，说实在话，不是件容易事。倒不是因为他行文晦涩。与之相反，阅读过原文的人大概都会同意，卢斯的写作十分轻快俏皮，很少掉书袋。不过，将这样的德文翻译成同样流畅易读的中文依然是一个挑战。卢斯大部分文化批判文章都扎根于世纪之交转型时期的维也纳。熟悉这里的人，读起卢斯，都会感到像在一个本地绅士的陪同下故地重游，对文中的各种隐喻和影射会心一笑。但对于大多不熟悉或从来没有去过维也纳的读者来说，这却是个难题。因此，为了让卢斯的文字更有代入感，我们尽力在译文中通过注释的方式帮助读者重构那个时代的维也纳——那时那里的人和事，那时那里的观念和习俗。

卢斯的文字，在很大程度上，帮助我们从他的视角复原了世纪之交维也纳的文化生活。在卢斯 1903 年所创的《另类》刊物中，他事无巨细地讨论维也纳生活的方方面面：食物、戏剧、服装、礼节、鞋子……其中包含许多卢斯经历的小故事，以及他对日常生活的所思所想。该刊物邀请读者来信讨论他们在文化生活中的困惑，而卢斯则以回复来信的方式，引导读者什么是优雅的文化品位，什么是合宜的现代礼仪。他以一个现代文化精英的角度试图规范维也纳人生活举止的方方面面：如何着装现代；如何写信；如何烹饪茄子；如何在公共场合就餐；如何装修房子；如何优雅地吐出果核……简而言之，如何得体地在 20 世纪的现代文明城市里生活。卢斯的要求或许有些偏执或吹毛求疵，但阅读他诙谐的语言让人忍俊不禁。

从另一个角度来看，卢斯的文字，在描画时代的同时，也在讲述着他自己的人生。他的写作内容常常和他的自身经历有千丝万缕的关系。讨论建筑的时候他常常引述自己的作品作为范例。除了建筑话题，他写过管道装置，让我们不要忘了他曾经在纽约当过一段时间的管道工。他说起理发师的学徒总想打扮得像个伯爵，我们竟发现他曾在纽约十四街的一家理发店当学徒。他常常说起成衣制作，不仅因为他讲究着装得体，也因为他熟悉这个行业。他在纽约的时候，曾租住过一间地下室；而该地下室的楼上就是一家成衣店。而且，卢斯每天进出家门要经过那家成衣店。再比如，他说到军官能证明百分之八十的奥地利人不会使用厕纸，这或许和他曾服役的经历有关。他讨论孩童和性教育。卢斯自己年少时曾患梅毒，虽日后治愈，但他因此终身不育。这样看来，他的文化批判文章多处投射了他自己的人生成长。

在大多数情况下，卢斯都是开门见山明确地阐述他的论点或反对意见，但偶尔有些篇章的主旨隐藏在他的言外之意中。例如，在讨论《特里斯坦和伊索德》的时候，卢斯的神游和剧中台词穿插，把我们带入观众的视角。这种不断切换的思想活动让人啼笑皆非，又给我们有些似曾相识的感觉。因为我们自己势必也有过这样的体验，在观看沉闷的影视剧或开会的时候，思想总是容易开小差，一时此处一时彼处。卢斯并没有直接表明他不喜欢这一版的《特里斯坦和伊索德》，但我们很容易从他的行文中知道这一版没有那么引人入胜。

卢斯是一位建筑师，但他写作的最核心的主题是文化。前些时热播的《十三邀：许知远对话马东》里对当代文化的讨论部分，呼应了卢斯对于文化的基本观点。许知远忧虑我们时代的文化过于浅薄粗鄙，不能为人类历史留下任何有分量的贡献。马东认为说这些为时过早，因为精致文化的传承是历史选择的结果。马东的看法类似于卢斯对于文化的基本观点。卢斯认为，每个时代的文化即当时广泛存在的现象，而传承下来的经典文化则是历史选择的结果。艺术家们想要创造经典作品，那是美好的愿望，但不是一个可行的策略。一件作品是否能成为经典，取决于这件作品多大程度上包含了人类世界跨越时间的核心精神。经典文化作品是几代人甚至是几十代人层层筛选的结果；它不受设计者主观意志所控制。在卢斯眼中，文化的发展不会被个人的主观意愿所左右，而文化的传承在一定程度上遵循着达尔文提出的"自然选择"法则。

卢斯在他的时代是个极具争议性的人物。他的影响随着新一代现代主义建筑大师（赖特、柯布西耶和密斯）的出现而逐渐被边缘化。但是，自从 20 世纪 60 年代他被重新发现，我们似乎越来越能领会他所说的道理，越来越清楚他抗争的原因。我们将卢斯的这本文集呈现给中国读者，里面收录了他后三十年的主要文章。希望读者能和我们一样，在阅读卢斯那个时代和卢斯的人生的同时，获得跨越时间的教益和乐趣。

我们的翻译工作获得了许多帮助和支持。在此，我们由衷地感谢编辑王娜，她尽心解答和解决了我们提出的问题和顾虑，并且对译稿严格把关。同样也要感谢我们的朋友苏杭。他是 *Der Zug* 的主编，基于他的组织工作，我们两个翻译者认识并合作。他给我们的翻译工作提供了许多宝贵的建议。不仅如此，*Der Zug* 中也发表了讨论卢斯建筑作品和理论的文章，引起了中国读者对卢斯的兴趣。这也为这本书的出版奠定了读者基础。我个人也想感谢刘泉，*Der Zug* 的创刊人之一，是她把我带进了这个充满理想和干劲儿的在德建筑留学生圈子。

我们的翻译工作也获得了一些来自海外的支持。非常感谢我的研究生导师克里斯托弗·隆（Christopher Long）博士欣然允许我们将他的书评文章翻译成中文发表在这里。我们同样也感谢维也纳理工大学的赫尔穆特·格伦德纳（Helmut Grundner）为我们解答对于维也纳俚语的疑惑。

注：在本书翻译稿完成后不久，梁楹成离开我们，去了另一个世界。希望他在那个世界幸福安详；希望那个世界没有悲伤，没有死亡。

前　言

尽管如此，重要的仍会发生。——尼采

经历了三十年的斗争，我成功了：我把人类从多余的装饰中解放了出来。曾几何时，人们用"美丽的"一词来形容"装饰"。如今，通过我毕生的努力，这个形容词变为了"平庸的"。当然，回声往往以为自己就是声音本身。1924 年在斯图加特出版的《没有装饰的形式》[1]是一本背信弃义的书，它掩盖并篡改了我所做的努力。

但《言入空谷》和《尽管如此》这两本文集收集了我奋斗的证据，并且我知道，人类终将为他们所节省下来的时间感谢我，这些时间迄今为止已被这世上的货品消耗殆尽。

阿道夫·卢斯

维也纳，1930 年 10 月

---

1 译注：《没有装饰的形式》（*Die Form ohne Ornament*）是 1924 年德意志制造联盟出版的一本讨论现代设计的文集。该书由瓦尔特·里茨勒（Walter Riezler）主编，里茨勒同时也担任德意志制造联盟所主办刊物《形式》（*Die Form: Zeitschrift für gestaltende Arbeit*）的编辑。

目　录

001　《另类》（1903）

041　来自我生活中的小故事（1903）

042　陶　器（1904）

049　维也纳最美建筑室内、宫殿、濒危建筑、新建筑和散步小径——
　　　答调查问卷（1906）

053　我的建筑学校（1907）

057　文　化（1908）

060　多余的"德意志制造联盟"（1908）

065　文化的堕落（1908）

069　装饰与罪恶（1908）

079　回《玩笑》——回复那些调笑《装饰与罪恶》的人（1910）

080　建　筑（1910）

095　小插曲（1909）

097　呼吁维也纳公民——写于吕戈尔去世那天（1910）

100　关于我在圣米歇尔广场的房子的两篇文章和一封信件(1910)

107　音效的秘密（1912）

110　贝多芬生病的双耳（1912）

111　卡尔·克劳斯（1913）

112　山区的建造规则（1913）

114 家乡艺术（1913）

126 住 手！（1917）

131 告别彼得·艾滕贝格（1919）

136 国家与艺术——引自"艺术局纲领"前言（1919）

139 答读者问（1919）

161 迁居者的日常生活（1921）

165 学习生活！（1921）

170 家具的废除（1924）

173 装饰与教育（1924）

180 阿诺德·勋贝格和他的同时代人（1924）

184 现代住区（讲座）（1926）

205 短发——答调查问卷（1928）

207 家具与人——写给一本手工书（1929）

213 约瑟夫·费里希（1929）

219 奥斯卡·柯克西卡（1931）

221 《装饰与罪恶》的故事 / 克里斯托弗·隆

283 译后记 / 梁楹成

《另类》[1]
（1903）

西方文化

我叔叔是一名钟表匠。他生活在费城，在八街和九街之间的栗子街上。周遭环境有点像我们的卡尔特那街（Kärntnerstraße）。当我在美国见到他的时候，他住在派克大街的一栋房子里。

他的妻子，也就是我的婶婶，是个美国人。她有个兄弟，我叫他本杰明叔叔，是个住在城市郊区的农夫。我和叔叔住在一起。某天有人对我说，我应该去拜访本杰明叔叔和他的妻子（安娜婶婶）。我众多表兄弟中有一人陪同我前往。我们先乘坐火车，之后走了一个小时才抵达本杰明叔叔家。

一路上有许多村庄。农舍都是些宜人的平房，有塔楼、山墙和走廊。

其中的一户就是本杰明叔叔的家。我们登门拜访，安娜婶婶很高兴见

---

1 译注：《另类：向奥地利介绍西方文化的杂志——由阿道夫·卢斯撰写》（*Das Andere: Ein Blatt zur Einfuehrung Abendlaendischer Kultur in Oesterreich: geschrieben von Adolf Loos*）是维也纳艺术杂志《艺术》（*Kunst*）的副刊。它一共发行了两刊，里面所有的散文都由卢斯撰写。卢斯在里面发表了一系列的小短文来阐述人们应当如何得体地应对现代生活中的各种情况。这些小短文涉及日常生活的方方面面，从如何着装、如何写信到如何文雅地就餐等。要是放在今天，这个副刊就如同是卢斯开设的一个公众号，其中发布一系列短文来讲述人们该如何生活在这个现代的世界。但是，从最近重新出版的《另类》两期杂志来看，卢斯《尽管如此》的文集并没有收录他为这个刊物所写的所有文章。

到我这个"从欧洲来的表亲",特别是我来自奥地利。她前两年游历了欧洲并到过奥地利。

她穿着一条百褶的平纹布裙子、一件白衬衫和一条白围裙。她是一个活泼可爱的老太太,没有孩子,梳着分头。我们在饭点围坐桌边,她煮了麦片并端给我们。然后,我们就去地里找本杰明叔叔。一刻钟后,我们看到一位老人正坐在地里拔洋葱。他穿着高筒靴、牛仔裤和彩色法兰绒上衣,戴着一顶帽子。这种帽子在我们那儿游泳的时候才会戴。这便是本杰明叔叔。

四周后,和我一起去看本杰明叔叔的表兄弟患了伤寒不治而亡。我婶婶所有的亲戚都将出席葬礼。他们将从乡下各处赶来送他最后一程。

葬礼开始前两小时,我被差遣去城里买些服丧时要穿戴的黑纱回来。

当我乘坐有轨马车归来的时候,一位穿着丧服的优雅的老太太和我打招呼。她招呼我,但我很疑惑。我觉得她一定是把我认成了别人,因为在我六周的拜访时间里,并没有结识这样一个人。我试着用磕磕巴巴的英语向她解释这情形。

但她还是一直和我交谈,我终于知道,啊,我的天!她是安娜婶婶!一个农妇,一个美国农夫的妻子。我试着致歉,因为她装束的变化,我没有认出她来。是,她说,这身衣服是在维也纳买的,来自德克尔[1]。

———————————

1 译注:德克尔(Drecoll)是当时德国的一个奢侈时装品牌。

当我们到达葬礼现场时，来参加葬礼的人已经集合了。我几乎认不出本杰明叔叔。他的高礼帽上缠着一圈黑纱，他身着优雅的双排扣长礼服和窄裤。我觉得，相较于他先前穿的阔腿裤（那时是 1893 年），紧身裤就显得不太入流了。后来我才发现，他不是"仍然"穿着窄裤，而是"已然"穿着窄裤了。但幸好我那时不知道，因为如果我抓住窄裤的问题不放，我作为欧洲人的全部骄傲将会崩塌。

*

在这儿，如果你坐一小时火车再走一个小时来到一间农舍，你遇到的人会比那些在大洋彼岸千里之外的人还要让你感到无所适从。我们和这些人没有任何共同点。如果我们说点善意的话，他们会以为我们在取笑他们。如果我们说些粗俗的字眼，说些不合时宜的话，他们却报以感激的笑颜。他们着装迥异，吃的食物看起来像来自世博会的中国餐厅，并且他们庆祝节日的方式就好像僧加罗人 [1] 大游行一般，极大地满足了我们的好奇心。

这真是一种可鄙的情况。百万奥地利人无法接受文化的熏陶。如果我们在乡村的民众突然要求拥有和城市居民一样的社会权利，他们就会获得像美国黑人一样的待遇 [2]。我就曾目睹过一个穿皮裤的农夫被咖啡馆拒之门外。

熟悉西方文化的人能够很快适应各种地区、活动或气候的任何文化。

---

1 译注：僧加罗人主要生活在斯里兰卡，也是该国最主要的民族，占其人口的大多数。
2 译注：这里指的是 20 世纪初的美国黑人待遇，虽然美国经过南北战争（1861—1865）废除了农奴制，但是黑人的社会地位明显低于白人。在社会生活上也遵循着种族隔离的政策。

任何维也纳人进山时都会穿上钉靴、皮短裤和防水外套，但山里人不会在进城的时候穿上礼服，戴上高礼帽。请注意，我说的是当进城的时候，不然会有很多白痴谴责我，说我要求农夫们穿着皮鞋和礼服、戴着礼帽下地干活。

农民们没有被平等对待，不然不会有人主张要保护传统民俗服饰。但是，千里之行，始于足下，我们可以同样要求这些人以身作则，穿上这些服饰进行一个小范围的美学实验。这些绅士可以首先实施。但是，坚持百分之八十的奥地利人可以被看作二等公民则不合情理。我从没听说过穿西式服饰的犹太人要求加利西亚的犹太人继续穿卡夫坦长袍[1]。

有人曾告诉我，一直穿着皮裤的老实农夫可比懂得在皮裤和礼服之间更换的世故的人好管理得多。这我可无法认同。

皮匠师傅

很久以前，有一个制作皮革的师傅。他是一个勤劳的、技艺精湛的师傅。经他制作的马鞍和之前几个世纪的产品完全不同，和土耳其或日本的皮制品也不一样。这些是现代的马鞍，但他对此一无所知，他只知道尽自己所能制造出好的马鞍。

然后，一场古怪的运动席卷了全城。这场运动被称为分离派，它要求

---

1 译注：加利西亚（Galizien）是历史上中欧的一个地区，现在该地区属于乌克兰和波兰。卡夫坦长袍是中东地区常见的民族服饰。

人们只制造现代的日常用品[1]。

这位皮匠师傅听说了这事，便带着他最得意的作品去见分离派运动的领头人。

他说："教授先生（这是对方的头衔，这场运动的领头人突然就摇身一变成了教授——教授先生！），我听说了你们的要求。我也是个现代人。我也想采用现代的方式工作。请告诉我：这是个现代的马鞍吗？"

这位教授检查了他带来的马鞍，然后就开始滔滔不绝地教导他。他一次又一次地听到"手工艺中的艺术""个性""现代""赫门·巴尔""拉斯金""工艺美术"等[2]。但结论就是：不，这不算是现代的马鞍。

皮匠师傅羞愧地离开了。他想了又想，开始制作，然后又想。但不管他多么想达到教授的标准，他还是只能制作出和原来一样的马鞍。

他满怀挫折感地找到教授，并向他请教问题出在哪儿。教授看着师傅的努力成果说："亲爱的师傅，你只是没有想象力。"

---

1 原注：分离派（Sezession）是 19 世纪末到 20 世纪初维也纳的一场艺术运动。它属于同时期欧洲各地兴起的新美术运动的其中一支。分离派的主要艺术家成员希望告别学院派的艺术创作桎梏，不受历史形象的约束，创造出全新的艺术形式。早期他们主要从自然界寻找创作灵感，后期他们中许多人倾向于基于几何形的形式创作。

2 原注：赫门·巴尔（Hermann Bahr）是奥地利作家和艺术评论家。他是当时维也纳先锋文学圈的活跃成员。约翰·拉斯金（John Ruskin）是英国 19 世纪著名艺术评论家。他在当时文学和绘画评论圈具有巨大影响力，他的建筑理论著作《建筑的七盏明灯》里面的某些章节在西方的建筑历史理论课程中都是经典的必读篇目。

没错，就是这个。这显然就是症结所在，想象力！但是，直到这时他都不知道制造马鞍必须要有想象力。如果他有想象力，他想必已成为一个画家，或雕刻家，或诗人，或作曲家。

但教授说："请您明天再来。我们会在这儿推行工业生产并为之注入新的设计想法。我会想想看怎么帮你。"

然后，在他的课上，他宣布了比赛题目：设计一个马鞍。

第二天皮匠师傅来了。这位教授向他展示了四十九种马鞍设计。教授虽然只有四十四个学生，但他又亲自设计了五个样式出来。这些设计应该被放到"工作室"去，因为它们被灌注了情怀。

皮匠师傅久久注视着这些图纸，他的眼睛越来越闪亮。

他说道："教授！如果我像你一样对骑术、马匹、皮革，还有马鞍一无所知，我也会有和你一样的想象力！"

他从此愉快满足地生活，并且制作马鞍。

至于现代？他不知道。马鞍罢了。

国家如何关心我们

I

最近维也纳发生了这种事：一个少年开始兜售"行星"[1]。这是种散

---

1 译注：从后文来看，"行星"应该指的是一种彩票。

播愚昧的小纸头。一百张卖十分钱，可一旦被转卖可卖到两分钱一张。如果它的市场行情好，人们可以通过倒卖这些"行星"赚到钱。因为人们通常在晚上喝啤酒的时候买这些小纸头作为消遣，而且大多数这样的人都集中在普拉特公园 [1]，所以这个少年便在晚上出没，甚至一整晚都在外游荡。天知道他露宿在哪儿。他可以花十五银币在附近的招待所买个床位好好睡一觉，也可以花相同的钱连续两天吃到饱。他母亲给他的十分钱无法买到这些。当然这种事全世界都在发生。穷人到处都是。并且任何地方的人都会愿意做这种从十分钱转手成两克朗的生意。但在维也纳这种事尽管不会直接被认为不道德，但也不是很体面。这种为国家创造或增加财富的行为不被看作是值得尊敬的。那些去证券交易市场的人甚至被冠以一个近似于侮辱的称号："倒爷"。

另一方面，在有些国家——在远离巴尔干半岛国家的地区，那儿的商人受到高度重视。他们中最绅士的人不仅会去证券交易市场，而且在交易过程中获利的人还被邀请和皇帝或国王一起进餐，尽管这在我们这儿被看作不太光彩。不同国家，不同习俗。

我在报纸上读到少年在普拉特公园贩卖他的"行星"的事，当时文章的标题为"城市花朵"，而另一则相同报道则将其题为"堕落的少年"并刊登在"审判专栏"。我感觉这事太过分了。很显然，尽管我们无法阻止成年人做出这等事，但政府至少应该确保对金钱的贪念不要毒害到我们柔弱的少年。幸亏

---

1 译注：普拉特公园（Wiener Prater）是位于维也纳第二区的大型公园，原为皇家猎场，18 世纪约瑟夫二世（Josef II）将其改为公园。

家庭惩罚能够弥补政策方面的漏洞，但显然故事中的这位母亲没有采取足够措施，而且由于疏忽她应该被判一周监禁。她到底怎么想的，让她儿子挣钱？他应该挨饿才对，这会磨炼他的意志，武装他的性格以应对将来。

我开始思索想象，毫无根据地胡思乱想。我想象自己穿越回五十年前。我看到美国法院的一条凳子前站着一个穷苦的女人，旁边一个小男孩紧紧握着她的手。这时法官严厉的声音响起："你犯了一项很严重的罪。你让你的儿子托马斯·阿尔瓦兜售杂志。这是道德堕落的第一步。我判你一周监禁，爱迪生太太！"[1]

II

很多读者看完卖"行星"的少年的那篇文章后纷纷写信给我。难道我不知道只有犹太人才光顾证券交易市场吗？我当然知道。但是，只是出于这个原因证券交易才获得如此不堪的名声吗？难道我没读过佛伊尔施坦之家（Maison Feuerstein）的事吗？我读过。我难道不知道即使是成人也不允许兜售"行星"吗？我知道。

假定最近对佛伊尔施坦家经营的夜间收容所的披露已经人尽皆知了。一个十三岁的小女孩患上传染性疾病并传染给了其他小孩。报纸上控诉这是血淋淋的谋杀。骇人听闻，简直是骇人听闻——什么夜间收容所是邪恶的贼窝、街道上的威胁，孩子们应留在家中。

---

1 译注：托马斯·阿尔瓦·爱迪生（Thomas Alva Edison, 1847—1931），美国发明家和商人。他仅在美国就拥有超过一千项发明专利。他是首批采用大规模批量生产和利用团队协作进行发明的人之一。他曾在往返于休伦港和底特律之间的火车上贩卖报纸、糖果和蔬菜。

让我们仔细考虑一下家里的情况。一间房。父亲、母亲和很多很多孩子。他们做饭、吃饭、睡觉都在这同一间房。在傍晚，或者在漫漫长夜里，男女房客到来。

有的人喜欢争论什么时候才应该向孩子们解释人类的繁殖功能。

对于穷苦的工人阶级，这种考虑是"多此一举"。这些孩子什么时候了解了消化功能也就能理解繁殖功能了，尽管两者之间有些许差异。事实上，尽管父母或男女房客们感觉应该避免在孩子眼前消化排泄，但这种细致的考量在涉及繁殖功能的时候则消失得无影无踪。在佛伊尔施坦之家有可能四个孩子睡一张床，但在其他地方他们有可能得和男女房客睡在一起。

我不知道如果要求医生们上报在小于十四岁的孩童中发现性病的情况是否过分，但收集一年这样的数据，能立刻让那些无脑地主张孩子们应该待在家里的人闭嘴。街上并不危险。街上的所有行为都在公众视线的监视之下[1]。家里才危险。

我们的立法者可能好几年后才能意识到这个事实。目前大家普遍认为：只要孩子好好待在家里的四面墙内，就不会有需求或发生不幸，也不会有罪恶或道德败坏的事。这种思想贯穿了立法部门出台的法令章节。他们认为在街上卖报的人应该年满十八岁。

---

1 译注：读者们可以找来简·雅各布斯（Jane Jacobs）的《美国大城市的死与生》（*The Death and Life of Great American Cities*）其中关于公众视线的作用的章节进行交叉阅读。和卢斯一样，雅各布斯认为公众视线对潜在犯罪有监视和威慑的作用，而犯罪通常都发生在视线死角或无人经过的巷候中。雅各布斯提出通过设计集中放大公共视线的作用能够帮助营造出更加安全的街区。

孩子们没有被禁止挣钱。当然没有。只不过他们不应该在街上挣钱，只能在家好好待着，沐浴在家庭的"温暖"中。政府毫不在意，即使他们在家里一整晚粘纸袋或切牙签，而旁边男房客正对女房客为所欲为。

反而街道上被认为满是危险。

美国人想法不同。他们觉得让年轻力壮的小伙子卖报纸才是对劳动力和国家财富的浪费。我们奥地利人有钱。我们什么都富余。我们不稀罕。而美国人节省。他们教导他们的少年从小就学会自食其力而不要成为剥削者的猎物。城市或报业巨头为这些报童建造收容所，他们在那里能够花费很少就吃饱，花五分钱就能洗个澡并睡一晚。

工人家庭中的孩子想挣钱的动力是不言而喻的。立法者不能压制它，但可以把它引导向适当的渠道。如果不允许男孩们在公共场合叫卖报纸杂志，他们就会转而兜售起"行星"来。"行星"应该被监察禁止。应该！因为它们传播愚昧。但你们可以试着和财政大臣谈谈，他会强烈反对这种禁止激发彩票买家购买兴趣的法令。

医生们说儿童时期患梅毒远没有在更成熟的年纪患病危险。心理学家们说自慰比性交对性格的危害更大。这使得我几乎要相信工人无产阶级各方面条件就是好。

人们卖什么给我们

在这一栏目，我将试着提升读者们的鉴赏能力。高品质的产品生产者期待我开始，而劣质产品的生产者会惧怕我。正直的生产者为了自己的口碑，只采用最好的原材料，雇佣技艺最高的工人，但因为消费者不识货，所生产的产品却不被认可，这是多么可悲！公众通常会说在某处花一半的价钱能买到"同样的东西"。长此以往，这种评价势必会消磨正直生产者的意志。毕竟，他是个生意人，不仅对自己的口碑负责，还需要对上百工人的生计负责。

同样，如果周围的人都无法欣赏好产品的材料和做工，购买了好产品的人也无法从其购买行为中获得乐趣。没人喜欢被人打趣成被敲诈的傻瓜。毕竟，人们买高品质的物品不仅仅为了这物品本身，也希望这些物品不会被他人误认为是看着相似的劣等产品。

幸好相关的努力已经开始了。首先出现在我脑海的例子是维也纳制皮工业和维也纳制银工业的精品艺术。大家都理解为什么有人会愿意花更多钱在精美的材料和手工艺上。在魏策尔[1]以四倍价格购买一件在低档商店也能买到的类似物品，并不会被认为是傻瓜的行为。这时分离派出现并破坏了这良好状况。不过还是有一些行业逃过了分离派的魔爪。我们应该感谢教育部没让"现代"艺术家控制工艺美术学校的车厢建造、男装和制鞋课程。这些行业因此尚在蓬勃发展。

*

每当我路过赫切特费世迈斯特珠宝行（Rozet & Fischmeister），看到它右侧橱窗展示的一枚戒指的时候，我都满心欢喜。大颗的钻石以如此轻

---

1 译注：魏策尔（M. Würzl & Söhne）是维也纳一家生产高档旅行包和皮箱的企业。它的样式相对经典保守，深受当时奥匈帝国和英国贵族阶级的喜爱。

盈、优美而又精巧的方式呈现，这使人为能生活在产生这么高雅的作品的时代而感到欣喜。只有金匠师傅匠心独运才能够想出以这样的方式将一颗钻石镶嵌在一枚戒指上。（如果）人们去那儿，端详那枚戒指，会同我一样感到愉悦。每个人都能立刻意识到这是一枚现代的戒指。无可非议。在其他任何时代，在任何一个没有受过西方文化熏陶的人手中，它绝不会产生。但是，这枚戒指的风格和分离派作品之间有着莫大的差别。那么为什么他们也被认作是现代的呢？

*

在美国有一种蔬菜就和我们这儿的萝卜或豌豆一样常见。它叫作茄子。它最近被引入我们的市场。我们的主妇们肯定在菜场见过这种长长的紫色果实。尽管它卖得很便宜，但很少人买它。这是因为人们不知道怎么烹饪它。这种果实类似于土豆。我在这讲解一下它最好的烹饪方式。

先刮皮切成四毫米厚的片，如果是长茄子就沿长边切，圆茄子就横切。用盐腌制后裹上面粉、鸡蛋和面包屑。然后在黄油里煎炸久一些，就像做炸肉排一样。

我和位于镜巷八号（spiegelgassenr 8）的一家素食餐厅达成协议：从10月15日开始，他们连续八天每天午餐都供应按照上述方法烹饪的茄子。先生们可以前去品尝并回去告诉他们的太太。或者女士们可以亲自前往品尝。餐厅经营者也可以去试试。

人们印刷什么

这本刊物的副标题——"Ein Blatt zur Einfuehrung…"所用的字体是由坡佩尔包穆公司（Poppelbaum）推出的，叫作"圣泉"（Ver Sacrum）的字体（图1）。读者会说那它们是分离派的字体[1]。 不，它们不是。但是它们很现代。它们可以追溯到1783那一年，可见于由维也纳政府颁发给书本印刷艺术学徒的许可证。这么说它们有一百二十年的历史了，但是看起来现代得好像昨天才被发明出来。对我们来说，它们看起来比大前天的奥托·艾克曼字体（图2）更现代，也比大大前天瓦格纳学派有着夸张的"T"的字母表更现代[2]。这是因为这些字母事实上诞生于1783年。在那一年人们只是想创造字体，脑中并没有一个固定的风格。而我们的艺术家想创造现代字体。而时间很强大，不可能被愚弄。

对于真理，就算它已有一百年的历史，我们也会比对近在眼前的谎言有更强的内在认同感。

---

1 译注：维也纳分离派官方发行的杂志为《圣泉》（Ver Sacrum）。该杂志于1898—1903年出版并刊登青年风格的绘画或设计作品。青年风格是新艺术风格在德语国家的别称。

2 原注：奥托·艾克曼（Otto Eckmann，1865—1902）是一位德国画家和平面艺术家。他的主要风格偏向于柔美的青年风格。在为AEG工作期间，他设计了Eckmann字体，这可以算是青年风格至今流传较广的字体之一。瓦格纳学派指的是奥托·瓦格纳在维也纳高等艺术学院任职期间影响到的一大批学生，其中包括约瑟夫·霍夫曼、约瑟夫·奥尔布里希，以及鲁道夫·辛德勒，他们日后将瓦格纳的影响扩大。但是因为其所产生的影响广泛，很难完全分清卢斯所指的瓦格纳学派的字体是哪一个。

图 1　1903 年第一期《另类》的封面　　　　图 2　艾克曼字体的字母与数字示意图，
　　　　　　　　　　　　　　　　　　　　该字体创作于 1899—1900 年

我们读什么

　　我收到如下来信：我能投个简短的稿吗？可以？——是这样：我有个儿子，八岁大，很好的一个小男孩，但他也有些坏习惯。例如，他总是用手指那些吸引他注意的人，或他正谈到的人。或者他想知道别人是谁的时候，他也指着别人。每次我都打他一巴掌并告诉他："别这样做。"然后他当时就停止了。但过几天，他又指着别人问道："那是谁啊，爸爸？"当然我毫不迟疑又给了他一下。但这时他可怜地看着我，从荷包里掏出一张皱巴巴的纸头。我认出来这是从报纸上剪下来的，我接过来读起来。上面写着："在第一次中场休息的时候，威廉皇帝[1]在没戴观剧眼镜的情况

---

1 译注：当时的德国皇帝威廉二世。

下检视了观众。他看起来认真甚至严肃。他再三向我们的皇帝[1]询问每个人，问的同时伸出手来指向那个人。"这是发表于 1903 年 9 月 19 日《时代》349 期上的文字。我呢？我该怎么办？我能怎么办？因为现在捆掌已毫无用处。现在这对我儿子，或者是对德国皇帝，都不公平。

*

我想向你介绍一本书，该书的主题和我在"国家如何关心我们"中探讨的问题相关。该书便是弗兰克·威德金特（Frank Wedekind）的《春日的觉醒》（*Frühlingserwachen*），讲述一个儿童的悲剧。读完前几页，你会对自己说：哈，黄书，关于谈论性问题的儿童。但你会继续读下去。这本书维持相同的基调，越来越让人愤怒。合上书后，你震惊不已。

但愿每一位父亲、母亲和教师都来读读这本书！

*

一位 M.M. 先生在《波希米亚》杂志上为我们的刊物写了一则评论，称我们的副标题"向奥地利介绍西方文化的杂志"为一个可笑的设想。之后他写道："希望下一期的《另类》能够满意地宣布：此后维也纳所有餐厅都会为他们的盐碗配置现在四处缺少的盐汤匙，维也纳旅馆里的旅客们也不再需要用餐刀来铲盐了。这种丑陋的习惯将伴随着旅客们不再用餐刀进食而消失。"M.M. 先生并没有把这段提出格外强调，但是我想强调它。

从中我们很难得出，我们王朝四千万子民并不需要学习西方文化。但M.M. 先生肯定需要。

---

1 译注：当时奥地利皇帝约瑟夫一世。

我还知道一位类似的先生。我一年前写了一篇关于维也纳人如何在餐厅用餐的文章。没有报纸愿意发表它。我当然也不愿意让那些报纸就此失去所有的订阅者，现在我能愿意吗？但我倒是收到一份校对单，上面有这样一段："在维也纳的餐厅用餐的诸多不便中确有一项是没法给食物加盐。没有盐汤匙。因此宾馆的盐渐渐沾染上了整套菜肴的味道和颜色。" 我把我的文章拿给一个人看，我现在确信那人需要我们的杂志。他看完后说道："真恶心。人人都用餐刀蘸盐，刀上面还带着菜。就我自己而言，我从来都是先把餐刀舔干净再蘸盐的。"

可见对于这件事大家意见出现分歧。

或许这两位先生应该碰面并合作发行一种向英国介绍奥地利文化的刊物。这可不算是一个荒唐的想法。维也纳时尚俱乐部都努力好几年了，希望实现这想法。他们的努力没有遭到所有奥地利市民的嘲笑，而是引起了他们的共鸣。

我们看到和听到什么

英国国王上周在维也纳。维也纳，高雅品位之都。这是显而易见的事实，无须质疑或解释。但是这件事——我们城市的决策者们通过了两万克朗的预算，并用能想象到的最俗气的方式丑化我们的环城大道，就令人费解了。而且，除了工人报所有的媒体都认为这些"装饰"极具品位，这显然代表了大多数人的看法，我因此开始怀疑这著名的维也纳的好品位。我不知道英国国王怎么想的。可能他会觉得挺好，因为如此的维也纳，毫无英格兰风格掺杂其中。另一方面，报道上说英国国王最近在马里巴德（Marienbad）听到了许多为他演奏的维也纳民俗音乐，如《你好，布瑞茨娜》《黛西》《音乐奏起》《蜂蜜花朵和蜜蜂》《贺那的骄傲》《苏西，我的孩子》等。国王称赞不已。这些歌曲无一例外都是流行的英式歌曲。这让我怀疑他或许看到仿英式的装饰会更喜欢。[1]

*

在爱德华国王[2]之后，我们将迎来德国皇帝和沙皇的到访。届时城市会再次把尘封的贝塞纽斯装饰（Biesenius-dekoration）从仓库里取出来。请一位艺术家来设计这个装饰工程会不会更恰当，如分离派？他们肯定是胜任这工作的。通过数年的努力，分离派在他们的展览上理想地解决了动态的装饰的问题，既简单又便宜。如果市政厅里的绅士们认为委派分离派的成员是个过于冒险的选择，我会推荐建筑师约瑟夫·伍班（Joseph Urban），他通过硫酸纸的复制缓和了分离派的风格。但是如果这依然还是有些过头，我会建议让负责装饰工作的供给水和煤气的工程师参考伦敦为庆祝加冕而装饰的街道的照片。或许他会在那儿找到灵感。他会发现只有在《莱比锡画报》（*Leipziger Illustrierte*）的插画师黎莫的笔下才这么刚好有风将装饰的旗帜完全展开。但通常情况是那些旗子都垂

---

1 译注：这一篇是《我们看到和听到什么》专栏的第一篇。它并没有被收录在原书中，但由于它与后一篇文章紧密相关，为了让大家完整地了解这一话题，我们特地把这一篇收录在本书里。

2 译注："爱德华国王"指前文中的英国国王爱德华七世，他从 1901 年登基到 1910 年去世为英国国王和印度皇帝。

下来像是在吊丧。或许他会发现这样看起来更有节日气氛——被灌木围绕的白旗杆用绳子连接起来，绳上悬挂着上千面的锦旗。或者这样看起来也不错——在街道上空拉一道纵向的巨大的网，网上系着真人大小的帆布字母传达欢迎的问候。我不会斗胆要求像英式加冕礼时那样有一道横向的跨越街道的网，上面布满了花朵，在队列经过的时刻展开，为欢庆的人们下一场鲜花雨。这个要求得有点太多。这儿已有太多的灵感了。

注意了。英国加冕礼照片里面的那些灌木是真的，不是像我们这儿是用纸做的。对维也纳人来说可能没那么漂亮，但毕竟便宜。

*

艺术家之家门口立着两根旗杆——铁质曼内斯曼[1]管，没有老派或现代的装饰，就像刚出厂一样。抱歉我在此不能擅自说出有勇气这样做的那个人的名字。在城里这种管子是用来悬挂头顶的电线的，并常常被灰色的锌钉或图样丑化。我们的艺术家们鄙视工业产品，并用古老的包袱丑化海里希斯廷（Heinrichshofe）外的人行道。

这些旗杆骄傲、自由、空灵地在艺术家之家前矗立，见证着现代工业，见证着它们不需要任何装饰性的花招便呈现充满节日气氛、欢乐和艺术的效果。

———————————

1 译注：曼内斯曼（Mannesmann）最初成立于 19 世纪 90 年代，是一家国际钢管生产商。之后其拓展产业也包括煤矿和钢铁生产业，如今是德国联合工业巨头。

*

无论我在哪儿，我都不会错过任何一场《特里斯坦和伊索德》[1]的演出。对我来说，《特里斯坦和伊索德》代表着艺术作品的最高成就。我感谢我有幸生在了一个它已经被创作完成的时代。

我不是个爱哭的人。在看一场伤感的歌剧表演的时候，整个观众席的人都潸然泪下，一个个从包中掏出手帕，我暗自发问：这些人怎么了？瑞霍德（Reinhold）不会有事，而且亥门斯（Reimers）一小时后定会出现在鲁文巴尔酒馆[2]，点上一份白汁肉丸。

但看《特里斯和坦伊索德》的时候，我全然忘记台上的人叫什么。第一幕七十五分钟的音乐让我如此失常，当伊索德被从特里斯坦身边带走，换上皇室的束身衣，幕布落下时，我热泪盈眶。我怕别人会发现。我感到羞愧。总是如此。

新出了一版《特里斯坦和伊索德》。赫勒（Roller）教授负责这部作品。幕布升起。但我听不到年轻水手的声音。我的眼睛忙不过来。这是哪种船？斜着被切开，是纵切还是横切？米尔登伯格[3]的声音真美。横切还

---

1 译注：《特里斯坦和伊索德》（*Tristan & Isolde*）是理查德·瓦格纳在19世纪中叶写的歌剧。故事讲述了英国中世纪的一个爱情悲剧。

1 译注：欧洲许多城市都有以当地品牌为主导的酒馆。鲁文巴尔酒馆（Löwenbräu）是来自德国慕尼黑的酿酒品牌。

3 译注：卢斯指的应该是安娜·冯·米尔登伯格（Anna von Mildenburg，1872—1947），当时奥地利著名的女高音歌唱家，常常出演瓦格纳的音乐剧。

是纵切呢？好吧，我们马上就会知道。幕布又将升起。"空气！空气！"[1]
我终于知道了：这是横切！感谢上帝！我快要忍不住了。现在这是什么？
特里斯坦又开船又掌舵。赫勒教授肯定是在阿特湖（Attersee）见过这番
景象。"让我教教这自负的家伙！"或者是在格蒙德湖边（Gemund am
Tegernsee）或格蒙登镇（Gmunden）。艾滕贝格[2]就在格蒙登。他是不是
马上要来维也纳？"我如何能安全驾驶这艘船？"这是施美德斯[3]。为啥
不是温克尔曼[4]？温克尔曼肯定很生气。不过这又关我什么事？"啊，这
是我们的英雄特里斯坦……"布朗甘娜又把幕布拉上了。她的衣服可真不
错。我老婆穿上去参加艺术家的聚会之类的肯定很好看。"他怎么能安全
地掌舵那艘船……"米尔登伯格这套衣服应该是来自布拉格的克劳斯 - 法
兰克尔（Klaus-Fränkel）。现在到该拿出爱情药水的情节了。爱情药水在
哪儿呢？这儿散落了太多盒子，有序地排列着。地毯是布拉格的胡迪尼克
（Rudniker）出品的。我家前厅里也铺了这样一条地毯。这些靠枕看着也
不错。连桑德·亚慧[5]也做不出比这更好的靠枕。"我看着他的眼睛……"

---

1 译注：这是《特里斯坦和伊索德》第一幕结束时伊索德的台词："空气！空气！我的心
窒息了！打开！打开点！"她的侍女布朗甘娜（Brangäne）拉上中心幕布。

2 译注：彼得·艾滕贝格（Peter Altenberg，1859—1919），奥地利诗人、作家，也是卢斯
非常好的朋友。详见《告别彼得·艾滕贝格》一文注释。

3 译注：卢斯指的应该是埃里克·施美德斯（Erik Schmedes，1868—1931），歌剧男高音，
以他在瓦格纳歌剧扮演的人物而出名。

4 译注：卢斯指的应该是赫尔曼·温克尔曼（Hermann Winkelmann，1849—1912），德国
男高音，他成功塑造了瓦格纳的歌剧《帕西法尔》中的英雄男主角帕西法尔。

5 译注：桑德·亚慧（Sandor Jaray，1845—1916）是当时维也纳的一个艺术品家具制造商。

亚慧应该挺讨厌赫勒抢先用英式诺曼风来装饰淑女的闺房。但爱情药水到底在哪个盒子里？啊哈，那个！我早想到了。但是另一个盒子是干什么的？

到这一幕结束的时候，我的好奇心得到了满足。女人们走向之前说到的那个盒子那儿，打开——皇冠！非常好。我完全没想到。

幕布降下。观众鼓掌。我突然站了起来。你是这样听《特里斯坦和伊索德》的。我开始感到惭愧，为自己感到惭愧。

我走出剧院。不，这不是欣赏《特里斯坦和伊索德》的正确方式。我回了家。

我心中最神圣之地被夺走了。

我不知道其他人是否有相同感受。

我们怎么生活
礼节问题

十年前我从汉堡出发去美国，在轮船上的经历让我受益终身。

除我以外，船上还有一名乘客来自奥地利。他是一位出身于殷实家庭的技术人员，一位温和的年轻人。在餐厅里我们在不同桌就餐。他坐在美国人当中。几天后，有传闻说他同桌的人让船长把这个年轻的奥地利人调到别桌去。他们没法忍受在他旁边就餐。他的用餐行为不太文明。他总是舔餐刀，然后再去蘸盐，从而污染了整桌人的盐。还有些别的让人无法忍受的事。总之，他被调去了别的桌，和德国人在一起。但德国人的民族自豪感突然膨胀了起来。美国人无法接受的事他们德国人也不愿容忍。每次这个不幸的奥地利人给自己的汤加盐后，一位来自柏林的先生总是一把夺过盐碗，叫来乘务员，带着一副洋洋得意的笑容大声说："给我们拿些新的盐来！这又被污染了。"有些好心人提醒他把盐汤匙放到那位年轻人面前，但他没有注意到。因此有人找到我让我教教我的同胞餐桌礼仪的细节。他算是友善的人，我并没有觉得受到冒犯。他的脸红得发烧，而且他几乎要哭了。我很高兴我在去美国之前在德累斯顿生活了几年，那儿即使是便宜的学生餐馆也都备有盐汤匙。不然，我也会像这个年轻人一样。毕竟在我们奥地利是没有盐汤匙的。

在家里，土耳其人可以用手抓米饭和肉菜吃，奥地利人可以用餐刀来铲酱汁。但如果土耳其人和奥地利人去西方旅行，就得使用叉子。我们可以用奥地利或土耳其的骄傲来武装自己，但英国的年轻人依然会看不起我们。西方其他文雅的人也不想和我们同桌进餐。

现在土耳其年轻人发起了一项运动。那些在西方生活过并且现在想把西方习俗引入苏丹王国的人发起了这项运动。我们可别落后于他们。日本人，举个例子，早已超越了我们。在维也纳的年轻日本学生在我们的餐馆里比坐在他们周围的维也纳公民更遵守西方文化的核心礼仪要求。

这只是许多例子之一。部分奥地利人——如果用百分数来表示，则是微不足道的一个比例——以文雅的方式进餐。但他们对许多其他问题仍感到疑惑。

该怎么庆祝节日？怎么拜访他人？怎么发邀请函？

如果有人对这些事尚存疑问，请写信给我。我将尽我所知一一解答。

着装

人们该以怎样的方式着装？

现代的。

怎样才算以现代方式着装？

当他穿得最不引人注目的时候。

我丝毫不引人注目。但当我到遥远异乡或某个穷乡僻壤的时候，人们会盯着我看[1]。因为在那儿我是格格不入的，非常格格不入，所以我得附加说明。当一个人的穿着在西方文化的中心不引人注目的时候，他便着装现代了。

我穿着棕色的鞋子和西服去舞会。我又被盯着看了。因此我还得附加说明。当一个人的穿着在西方文化中心城市的特殊场合不引人注目的时候，他便着装现代了。

---

1 译注：原文用的是当我到廷巴克图（Timbuktu）或 Krätzenkirchen 的时候。廷巴克图是西非马里共和国的一个城市，位于撒哈拉沙漠南边，尼日尔河北岸。奥地利人用廷巴克图来指一个遥远不知名的地方，用 Krätzenkirchen 指条件恶劣的偏僻地方。

现在是下午。我穿着灰条纹的长裤、双排扣长礼服，戴着高礼帽，我很高兴没有任何人注意我，因为我正在海德公园散步。走着走着我突然来到了白教堂区[1]。我又再次显得很突兀。因此我得重新修正我的声明。当一个人的穿着在西方文化的中心城市最优的社区的特殊场合不引人注目的时候，他便着装现代了。

不是所有人都能满足这些条件。因为它们对我们来说很难满足。在英国，每个人都宣称自己是西方文化的一部分。但是在这儿和巴尔干半岛的一些国家，只有城市居民能满足这些标准。这就让我们很难不办错事。国家政府本身也迫使我们犯错误。行政官员——我现在说的是那些不穿制服的官员——被逼穿着那么可笑的服装去参观或与群众会面。穿那身衣服上街不可能不被嘲笑。早上，即使是在炎热的夏日，燕尾服也得隐藏在外套之下，以防被路人瞄到。

还有成百上千个这样的例子。如果有人对穿着一事尚有疑问，不用客气，写信问我，我将尽我所知答复所有来信。

*

以下内容来自于一本美国旧的笑话杂志。

流浪汉（穿着破旧的双排扣礼服，他的脚趾从鞋子里伸了出来）：

---

1 译注：白教堂区位于伦敦东面。贫困的移民和工人阶级是其人口的主要组成部分。它通常被认为是伦敦人口组成复杂和治安条件较差的区。19 世纪末著名的"开膛手杰克"的连续杀人案就发生在这个区。

请捐助我吧！

家庭主妇：可怜的人！你遭的是什么罪呀！这里有一双我丈夫的旧鞋子。

流浪汉：女士！你好像没把我当绅士，你觉得我能用这双黄色的鞋子搭配黑色礼服？！

<u>家</u>

在过去几年中，报纸杂志的作者都试着让我们鼓起勇气面对现代艺术家毫无品位的作品。我现在试着让你们鼓起勇气面对自己没有鉴赏能力的情况。

想学击剑的人必须自己手持轻剑。没有人只凭着观看就能学会击剑。同样，任何想打造一个家的人都得自己亲力亲为，否则他将永远学不会。这个家可能到处都是错误，但它们都是你们自己的错误。在约束自我和摈弃虚华之后，你们会很快意识到这些错误。你们会更正它们并进步。

你们的家随着你们形成，你们也会随着你们的家成长。

别担心你们的住所可能会缺乏品位。关于品位没有定论。谁又有权决定谁是对的？

在你们自己的家里，你们永远是对的。不是别人。

现代艺术家中那些能言善道的人会告诉你，他们会按照你的个性来布置你的家。这是骗人的。艺术家只会用他自己的风格来布置住所。诚然有些人会为这个目标努力，就像有人会把画笔伸进颜料罐，为了取悦潜在买家的口味而作画。但我们不会称这种人为艺术家。
· · ·

只有你们自己能布置你们的家，因为首先只有这样做，它才能真正成为你们的家。如果让别人，不管是画家还是室内装饰师来布置，那它就不是一个家。它顶多只能算一系列酒店房间，或者是对一间住所的嘲弄。

每当我步入这样一个住所时，我总是为得在这儿度过一生的可怜人感到难过。

这便是这些人为他们人生中的小欢乐和大悲剧所选用的背景？就这个？

噢，你们在这样的居所里就像是穿上租来的小丑戏服一样不匹配！

但愿生活的严酷一面永不降临你们，使你们意识到自己借来的一身褴褛。

被你们夸得沾沾自喜的"应用艺术家"所吹嘘的时髦，都会随着命运恣意的步伐而消失殆尽。

取出羽毛笔，你们这些人类和灵魂的描画者。试着去描画生与死，夭折的孩童临死前痛苦的哭喊，垂死的母亲的喉音，自殒的少女的最终念想，如何在一间奥尔布里希¹所设计的卧室里上演！

---

1 译注：这里指的是约瑟夫·奥尔布里希（Joseph Olbrich，1867—1908），奥地利建筑师，德语地区新艺术运动的代表人物之一，分离派的创始人之一。主要作品有维也纳分离派展览馆。

以一个画面为例，一位少女结束了自己的生命。她躺在走廊的地板上。她一只手还不由自主紧握着冒着青烟的左轮手枪。桌上放着一封信，一封拒绝信。发生这一切的房间是否格调高雅？谁会问这个？谁在乎这个？这就只是个房间，拜托！

但如果这房间是由凡·德·维尔德[1]布置的呢？那这就不仅仅是房间了。

那这就是——

那么，它到底是什么？

对死亡的亵渎！

但愿你们的人生快乐永驻！

想学击剑的人必须自己手持轻剑！

并且如果有人想学击剑，他也需要一位击剑老师。这位老师必须技艺高超。我愿意成为你们布置家的老师。你们的住所满是错误。你们若想改变几项家里的布置，尽管向我咨询，我会给出我的建议。我会在这本杂志中回答所有关于你们家如何布置的问题。

你们想给房间更换墙纸，但是不知道选哪种颜色好？

---

1 译注：凡·德·维尔德（Van de Velde，1863—1957），比利时画家和建筑师，比利时新艺术运动的创始人和代表成员之一。

你们想把新公寓的门窗漆一遍？

你们想知道怎样在新家中安排旧家具最好？

在客厅放一把藤椅合适吗？

这样做对吗？那样呢？

寄过来颜色样本、布料小样、墙纸、平面图和其他图纸。如果你们希望我们过目后归还它们，请附上必要的邮票。我会尽我所知回答所有问题。

我们举办的比赛

我们将在这一期出版之际举办比赛。

这个比赛不是为艺术家们办的，而是只面向制造商和手工艺人。

在持续工作与创造的人群中我企盼看到行业的复兴、文化和品位的提升。

没有人能帮助你们这些在作坊里的手工艺人，除了你们自己。

你们很怯懦，没有勇气，没有权力，在建筑师或绘图员的指导下工作太久。

我们这样的比赛将让你们看到，在作坊里能找到多少品位和创造力。不要瞻前顾后，也无须参考过去或其他艺术家的设计。你们这些师傅、助理和学徒，要从自己身上寻找灵感。

第一场比赛为木工们而设。维也纳最文雅的贵族圈子将称赞你们的作品。他们才是你们的服务对象。

去讨论贵族们是否比普通公民更具鉴赏力没有意义。我们必须接受这样的现实：理发师的学徒总想尽量打扮得像个伯爵，但我还没见过任何一个伯爵企图打扮得像个理发师的学徒。

这种广泛存在的倾向，导致了自人类诞生以来的文明的持续提升。

这道理不仅针对服装行业，而且对所有行业都适用。

优先选择最贴合贵族品位的作品，这个标准将使你们了解作为生产厂家，你们该生产什么，以及作为消费群体你们该买什么。

这场比赛不会设置任何奖项。在一流艺术沙龙展示并售卖作品的机会对于勤劳工作的人本身就是奖励。

答读者来信

综合信息

L. T. ——不，我没有放弃我的"建筑"活动。我将继续设计商店、咖啡馆和住宅。但我的工作和我在本刊物里写的东西并不矛盾。您很善良地把我之前在维也纳的活动称作"建筑"活动。很可惜它们不是。我们生活在任何一个壁纸绘图员都自称建筑师的时代。这也没关系。在美国，每个司炉工都叫自己工程师。但家居布置和建筑无关。我曾经以此为生，因为我深谙此道。就像我在美国的时候，有段时间通过洗盘子来维持生计。我也提供如下服务。一位农民找到我说："我想搬到城里，生活得像个城里人。帮我选所有必要的行头。您将收到所购置物品价值的百分之十作为'建筑师'的佣金。"然后我和他一起去见裁缝、鞋匠和衬衫师傅。接着是手杖和雨伞，手帕和卡片夹，名片和领带夹。完成。下一个。

文化的门外汉的入门向导。

我就是这样装修和布置公寓的。我给出意见。墙纸？我们将去新市场的施密特那家。您喜欢条纹还是纯色？您觉得这个好看吗？我会建议选那个。

有些人寻求我的意见是因为他们对装修布置不擅长，其他人是因为他们不知道到哪里能买到合适的物品，还有一些人是因为他们没时间。不过，他们都居住在按照他们个性所布置的家中。

当然，通过我的建议一切都协调了起来。

*

位于科尔市场（Kohlmarkt）的赫切特费世迈斯特珠宝行——您感谢我在上一期中提到了贵公司，为此感到很荣幸。您很遗憾地通知我那枚戒指被买走了，需要重新制作一枚，因此已经好几天没在橱窗展示了。您没必要谢我。我提及贵公司并不是为了给您打广告，而是为了论证我的观点。因此，我想感谢您如此配合地为了不中断我的示范而重新再造一枚一样的戒指。这也适用于我提到的其他物品。我希望提到的商家能够支持我，在标价牌上注明我们的杂志名以便于读者识别。此外，如果潜在买家能在我们下一期杂志出版前将物品留在橱窗里，我将感激不尽。

形式

H. H. ——您的来信从信纸第一页开始，到第四页结束。我会建议您用以下方式写信：在第一页后，翻页——您需要在下面垫一张吸墨纸——然后在第四页上继续写。接着把这页纸展开，然后在第二页上写。最后，把纸张交叉放置在第三页上写。出于实用的考虑（不用等墨干），英美人更喜欢用这种方式写信。我都按这个顺序读信，因此读到奥地利的信件时都晕头转向的。

A. R. ——当在街上遇到一位朋友及他的您不认识的女伴时，习惯上都是先和这位女士打招呼，不管阶级差别多少。但是，您应该避免同时问候他们俩，更不能只和您的朋友打招呼。合理的方式是脱帽致意，眼看前方。

V. G. ——在任何情况下都应该坚持让女士走右边，这简直是胡说八道。在马车里她当然是应该坐在右边。在进马车车厢的时候，让女士先进，而且如果可以的话，另一人应该从马车后面绕过去坐在另一边。对于男性宾客也是一样。但是在街上，永远应该把较好的那一边留给女士。在这个问题上，那些"光荣右边"的狂热拥护者有时会让女士们走在泥泞中，而自己选择走较干的那一边，如果那边恰好在左边。当在人行道上时，男士应该走在靠近马路的那一边。

尝试——（1）水果核应吐到拳头的空心中，同时拳头应遮住嘴，然后再把果核放到盘子里。（2）条状面包和圆面包都不该切。把它们掰断。此外，不要用叉子串住它们去蘸酱。您大可手持面包片浸到酱汁里。但这需要一定的灵巧度、从容和练习。

着装

F. R. ——是，《新自由报》反对维也纳男士穿着燕尾服和黑领带去看歌剧是正确的。黑领带只有在半正式场合才佩戴，而在维也纳这被错误地称为晚宴礼服（smoking，无尾礼服）。但其实这么做几乎也是错的。在维也纳，经常会见到人们用白领带搭配晚宴礼服，而不是燕尾服。最近在约瑟夫城（Josefstadt），我甚至看到如下景象：有人用一件晚宴礼服搭配彩色衬衫。您可能会说这个人可能是个鞋匠。呵呵，您要知道他是谁，准会大吃一惊。

住所

门楣——关于它们和它们风格的问题，我只能用一句话回答：我应该在哪儿以及采用哪种风格给自己文身？

好奇的 G. K. ——这当然可能。如果我们的木工家具发展到时装工业的程度，那么我们购买衣橱的过程可能会像这样：

我们衣服太多了，需要一个衣橱。因此我们找到了一位木匠。

"早上好，木匠先生！"

"早上好，先生、女士！请问您此次来访有何贵干？"

"我们需要一个衣橱。我们卧室一面墙空出 1.6 米的空间。这个尺寸的衣橱可以做几门？"

"这可以做三门。您的衣橱是用来挂衣服还是放置叠好的衣服？您要在里面存放些布料或日用织品吗？"

"这些我们都需要。我们考虑用其中两门挂衣服，一门放织品。"

"那我会建议安装些推拉的架子来放织品，这样比较好放好取。"

"听起来不错，但那样的话会更贵吗？"

"贵一些，但是差价可以忽略不计。您希望衣橱有多高？"

"您的建议呢？"

"我们这种衣橱的标准高度是 2 米。这样在衣服挂钩之上还有足够空间存放帽子盒子。"

"哦，没错，我们肯定需要这个。这样我们该谈谈最重要的费用问题了。"

"这个取决于所用材料、油漆抛光和里料。"

"先生，什么意思？"

"就是说您喜欢橡木还是红木，哑光还是抛光表面，里料用的和外面一样还是用一层便宜的贴面。"

"我们能看看这些木料的样本吗？"

"当然。这些就是。"

"这些都是自然的木头。我想的是或许有绿色或蓝紫色抛光处理的材料。"

"恕我直言，女士，这个现在不流行了，分离派风格的家具早已过时了。那些用这种风格布置家的倒霉人都觉得这些家具很丢脸，而且都想尽快摆脱它们。如今在上好的桃花心木或红木外面加一层绿色的抛光都被认为是很不入流的行为。相似的观念也逐渐渗透到简单的枫木产品中去了。在那个令人费解的时代，把皮箱染成绿色或蓝紫色都不是不常见。还好那个时代已经过去了。那些拥有这些丑陋东西的人多不走运，得把那些箱子藏在家里，怕带出去在搬运工人面前尴尬。它们曾经多风光。一半的出版物都支持这种风格，评论家们都不敢说话，唯恐被抨击为艺术和进步的敌人。"

"没错，真的！毕竟，一个衣橱应该能维持得和一个手提箱一样久。"

"我正是这么想的。我的东西贵，但是好。用这种材料的话，这个衣橱要价 ×××，不含内设，那个样式要花掉 ×××。"

"我们选这种木头，里外都一样。"

"我明天会把报价送给你们，我希望你们满意。"

"我们也这样希望。再见，师傅！"

"希望你们选我，我的顾客！"

您看，根本没有谈到风格的问题。毫无疑问，他们选用的都是 1903 年 10 月的款式，就像你不可能想要一件文艺复兴风格的燕尾服一样。而且，存放东西的家具为何要和被存放的东西区别对待呢？

M. S.——您写了一封长信。在这里，我想从中引用一段。上面说："如果我没理解错的话，您想结束分离派而引入一种新风格。如今我结婚已经三十年了。其间我得忍受三次重新装修。我知道您要说什么。这一次是对的。这次会一步到位。但每次都是这么说。在德式复兴风格（图 3）之后，接着巴洛克风格（图 4）之后，然后帝国风格（图 5）之后[1]。我们幸运地略过了分离派。但我觉察到了它。"我回复道："您看，如果您一开始就选择现代风格来布置家，您就可以省掉这些麻烦。那样，您就可以一直享受一种舒服又现代的生活方式。今天的住宅诚然和 1873 年的

---

1 译注：德式复兴属于更广泛的北部复兴，指的是受到意大利文艺复兴影响在欧洲阿尔卑斯山脉以北的国家所产生的文化艺术复兴的思潮。该运动通常被认为始于 15 世纪末期并延续到 16 世纪。巴洛克风格是文艺复兴之后又一从意大利传播至欧洲各国的艺术文化思潮。在艺术审美上强调动感和戏剧性的表达，在 17 世纪意大利达到高峰，随后传入阿尔卑斯山脉以北的欧洲各国。帝国风格始于 19 世纪初的法国并传播至欧洲各国。在德国的对应风格为毕德麦雅（Biedermeier），受到贵族阶级和广大中产阶级的喜爱。该风格体现为简化的古典主义风格，克制但优雅。

图 3 奥格斯堡市政厅（Augsburger Rathaus）的金色大厅（17 世纪 20 年代），巴伐利亚，德式复兴建筑室内的代表之一
©Hullbr3ach

图 4　十四圣人巴西利卡教堂〔Basilika Vierzehnheiligen〕，维也纳，18 世纪中后期，奥地利巴洛克—洛可可建筑的代表之一
©Asio Otus

住宅相同点很少，但是主要家具还是一样的，只不过以新的方式布置，在房间里的摆放方式不同。新的发明导致了这些变化。仅仅是电灯一项，就使得我们可以在任何地方设置光源，这就足以在住宅布置中引来一场革命性的变化。许多家具被毁坏并替换。许多新的东西被添加进来：礼物、旅行纪念品、图片、书籍和雕塑、煤气暖炉，这些都会很有用，很有帮助，也会破坏并塞满您的整个室内空间。人们都长大长高了，对生活有更多要求。1873 年的老家具能和 1903 年的新事物和谐共处，就像在老的宫殿里1673 年的家具能和 1703 年的家具相互协调。您的家本可以反映您的愿望

图 5　拿破仑的卧房，凡尔赛宫，巴黎，19 世纪初，帝国风室内的范本之一
©Kallgan

和追求。您本可以拥有一个除了您自己没人能拥有的居所。但是虽然如此，您可以现在就开始着手创造您自己的家。这从来都不会太晚。您有孩子，他们将会为此感谢您。"

H. B. ——（1）布置一个坚固、简单但同时品位上佳的书房是不太可能只花费二百五十到三百荷兰盾的。然而，这个预算可以购买符合这些要求的一部分书房家具。我希望您指的只是木工家具的部分而不包括座椅、照明设施、壁纸、地毯、油漆等。换言之，您可以买到一张书桌、一个书架和一个小型的柜子。软木配上深褐色的磨砂涂漆，可能是最便宜的选择。白蜡木会更好。去找一个让人放心的木匠师傅——他不会是最便宜的——带他看看房间并和他谈谈家具的布置。让他画些草图出来。跟他讲：不要檐口和斜角切割。然后把他的草图和房间的平面图寄给我，我将修正它们。（2）强烈推荐平滑而没有任何花纹的棕色油毡。这种油毡可用来铺在书桌表面，但边边角角要刨平，也就是没有线脚。然后，在边沿用螺丝钉钉上一条两毫米厚的抛光黄铜条。铜条的宽度为桌面厚度加上油毡厚度。黄铜螺丝钉应该和铜条平齐。当然，这样就不需要防护条了。

对话

你们的杂志挺不错，不过标题有些无礼！

为什么？我不明白。

我指的是关于西方文化的那部分。我们本来就有啊！

让我问您个问题：您认为用厕纸，或者我说得更清楚一点，上厕所用纸是西方文化不可分割的一部分？

当然。

那我再问您一个问题：戴着高筒帽的祖鲁黑人能称自己是按照西方习俗穿戴的吗？

当然不行。我会说他离文明着装的要求还差百分之八十。

很好。因此，您看，奥地利居民中有百分之八十的人都完全不习惯使用之前说过的纸。

这可能吗？

可能啊。任何一名在军队服役的军官都能证实这个。

是，但是您也没能力凭着您的杂志转变这百分之八十的人。因为您的影响波及不到他们。而且您当然不能否认贵杂志的读者掌握了西方文化吧？

当然不能。但是我想鼓励他们合作。别人告诉我说很多餐厅的顾客都抱怨没有提供公用盐汤匙。这便是开始。

但您的行为损害了奥地利的好名声，而且也会吓跑我们本就不多的外国游客。

这没关系。如果有人有口气，您应该告诉他您可以想办法改善。这总比躲着他强。

来自我生活中的小故事
（1903）

我在街上遇到了著名的现代室内装饰师。

你好，我说，昨天我去参观了一栋你设计的住宅。

这样，哪一个呀？

Y 博士的住宅。

什么，Y 博士的住宅？看在上帝的份上，您别去参观那堆垃圾。那是我三年前的设计。

您可别说！您看，亲爱的同行，我一直觉得我们之间存在着一个原则性的区别。现在我明白了，这区别仅仅在于时差，甚至是个用年来衡量的时差。三年！我那时就已经断言它是堆垃圾，而您到今天才意识到。

陶 器
（1904）

  对于持有当下文化观念的人来说，无论是玻璃、细瓷、釉陶（majolika）还是粗瓷的生活用具，他们都喜欢没有装饰的。我用玻璃杯子喝东西，不管喝的是水还是葡萄酒，啤酒还是烈酒，这个杯子应当被设计得能让我最好地品尝。这是关键。出于这个原因，我情愿牺牲掉杯子上所有古德语的格言警句或分离派的装饰。当然，有一些玻璃的处理方式能将饮品的颜色呈现得更优美。同样的水有可能在一个玻璃杯里看起来无味又暗淡，而在另一个杯子里就新鲜得像山泉。我们能通过好的玻璃材料或者抛光打磨的材料获得这样的效果。因此，在买杯子的时候，我们应该把所有杯子都盛满水，然后选取效果最好的。有些有装饰的杯子看起来像是里面游动着绿色的水蛭，卖不出去。

  而饮料不仅应该好看，还应该让人易于饮用。在过去的三个世纪里生产的玻璃杯几乎都满足这些要求。在我们的时代——不，我不愿贬低我们的时代——我们的艺术家们除了创造倒人胃口的装饰，还发明了让人难以饮用的奇形怪状的玻璃杯。有些玻璃杯让你喝水的时候总会有水从嘴角流出来。有些甜酒杯设计得你只能喝到一半的甜酒[1]。我们对于新的形状需

---

1 原注：荷兰人十分了解他们的烈酒，他们为餐后甜酒设计了旋钮的杯形，堪称经典。这个形状让厚重黏稠的甜酒很容易流入口中。然而，维也纳分离派却采用相反的思路来设计甜酒杯，杯形像半个圆圆的橘子。只有身体柔韧的体操运动员后仰到头着地才能把杯中酒喝尽。

要非常谨慎，还是情愿选用老式的杯子。

盘子也一样。文艺复兴时期的人们会在印有神话图案的盘子上切肉，我们的品位比他们高。洛可可时期的人们毫不在意青花瓷花纹（Zwiebelmuster）使得汤呈现出一种倒人胃口的灰绿色，我们的品位比他们高。我们更愿意用白盘子吃饭。我们是这样。但艺术家们看法不同。

*

陶制品不仅可用来烹煮、进食或饮水，同样也用作窗板、地板砖、墙、桌子的贴面，以及烤箱或壁炉、花瓶或伞托。终于，陶土艺术家能大展身手了，塑型、上釉并烧制成型。他感受到内心的创作冲动，要把人物、动物、植物和石头塑造得栩栩如生。

有一次我在咖啡店遇到一些"应用艺术家"。他们商量要在工艺美术学院里组建一个陶艺研究所（versuchsanstalt）。我反对他们提议的一切，而他们也全都反对我。我站的是工匠或工人的立场，而他们代表的是艺术家的立场。

有人带来了一朵娇艳的红花，带着丝绒般的叶子。这朵花放在桌上的玻璃瓶里。有人说："您看，卢斯先生，您要求人们生产花盆。而我们想创造和这花一样颜色的涂釉。"大家都为这个想法感到激动。是，世上所有的花都应该作为新的涂釉的颜色范本。他们滔滔不绝地聊了起来……

我很幸运地拥有一个宝贵的天分：我听力不好。即使身处吵闹的或争论不休的人群中，我也不会遭受他们言论的影响。我跟随自己的想法。

此时我想起了我心中的陶艺大师。他不是艺术家，而是个工人。他不赏花，不喜欢花，也不了解花的颜色。他的脑海中充斥的是只能用陶釉展现的颜色。

我仿佛看到他在我面前。他坐在窑炉旁等待，梦想着造物主忘记想象的颜色。没有任何花朵、珍珠或矿石拥有类似的颜色，而这些颜色将要成真，将闪耀发光，在人们心中填满欢愉和忧伤：

"火在燃烧。它是为我燃烧还是要将我燃尽？它会造就我的梦想，还是将其吞噬？我知道已延续数千年的陶艺传统，我已倾注了我所有的烧陶精髓，但我们尚未到达路的尽端，还没征服陶的灵魂。"

但愿这永远不会发生！但愿材料的秘密对我们永远是个谜。不然我的陶艺大师就不能坐在他的窑炉旁沉浸在甜蜜的折磨中，等待着，期盼着，梦想着新的色彩和色泽。那是上帝在造物时特意留下的空白，让我们人类能沉浸在参与这创作的无上愉悦中……

"对此您有何高见，卢斯先生？"一人问道。

我无话可说。

我们的艺术家们坐在画板前设计陶制品。他们可分成两个派别。一派按照过去的风格设计，另一派则只设计"现代"式样。每一派都打心底瞧不起对方。但现代派中也分裂成了两类。一类认定装饰形式应该效法自然，另一类则认为装饰全然来源于想象。但这几者都鄙视工匠。为什么？因为工匠不会画图。这影响不了工匠。十年前巴黎毕格特[1]生产的瓷砖，今天依然不失其风采，而五年前艺术家们设计的图案如今却让人看着头疼。这规则对于这类设计都适用。

购买陶瓷制品的时候我们都要牢牢记住，没人愿意把钱花在一个三年后就会惹人厌烦的物品上。包含烧陶师傅手艺或创作印记的物品则会保有它的价值。因此，即使我们看到带有分离派装饰的物品很喜欢，还是应该拒绝购买它们。我们喜欢它们不是因为它们美丽或动人，而是因为别人企图把我们强推到这个欣赏的方向上。我们应当依靠自己的喜好来判断。然而，在赫门·巴尔[2]开始写作（讨论鉴赏的方向）之后，我们丧失了这种喜好。

画板和窑炉。两者相差了一整个世界。一边是精确的圆规，而另一边则是由偶然、火焰、梦想和创造之谜所带来的不确定性。

*

我只为持有现代观念的人写作，为那些感谢生活在现在而不是过去任何时代的人写作。我不为那些对文艺复兴或洛可可时代满腹向往的人写作。有一种人，他们总是向往过往的世纪，那时画家和雕塑家提供设计给手工

---

1 译注：亚历山大·毕格特（Alexandre Bigot，1862—1927）是一位法国制陶家。他本是一名物理与化学老师。1889 年他参观了巴黎世界博览会中的中国瓷器，此后对陶瓷产生了极大兴趣。利用自身了解的化学知识，他为陶瓷创造了各式各样的釉质和抛光表面。他建立了大型的瓷器工厂，并批量生产了许多新艺术运动艺术家所设计的瓷器。

2 译注：赫门·巴尔（Herman Bahr, 1863—1934）是一位奥地利作家和记者。他的专栏讨论当前的各个艺术流派风格。他作为古斯塔夫·克林姆特和约瑟夫·奥尔布里希的朋友，非常赞同维也纳分离派的创作方向。

艺者。他们向往文艺复兴，那时人们用装饰华丽的壶饮酒，壶上雕刻或塑造了一整幅亚马孙人大战。他们向往船形的盐罐，盐罐由贝壳支撑，船舵为盐勺。他们不是现代人。他们为手工艺做设计。或者如果他们的父母碰巧把他们送去上雕塑课，他们则会自己做造型。

你们想要面镜子？这就是，由装饰的裸体少女端着。你们想要个墨水瓶？这就是，两位水中仙子在礁石上沐浴，一个盛装着墨，一个盛装着沙。你们想要个烟灰缸？这就是，一位舞蛇女郎在你面前伸展，你可以在她鼻子上弹烟灰。

我觉得这不好。艺术家们就说："看，他是艺术的敌人。"并不是因为我是艺术的敌人才觉得这不好，而是因为我想把艺术从这种压迫中解救出来。人们曾让我参加分离派的展览。如果他们把商贩们赶出艺术殿堂的话，我就会参展。他们只是贩卖艺术吗？不，他们出卖艺术。

远离那些鼓吹文艺复兴的人，热爱我们现代的产品！看这面绝妙的镜子，文艺复兴时期制造的玻璃能把白手帕反射得如此纯净清新吗？看这个精美的墨水瓶，晶莹的玻璃立方体多么闪烁发亮！而且它不会翻倒。看这精美的烟灰缸！一个镶着银边的玻璃大碗，里面装有水，能立即灭掉燃着的烟蒂，银边上的凹口便于人们架住点着的雪茄。文艺复兴时期有过这么精美的物品吗？为生在 20 世纪而欢欣鼓舞吧！

*

在橱窗里，你能看到白瓷制成的动物。玻璃下的黄蓝色斑点显得格外雅致。这些瓷器由哥本哈根陶瓷公司生产，十分漂亮。蜷成一团的猫咪，或是两只贴向对方的小狗。当它们被摆设在商店橱窗的时候，我很喜欢。但是，奇怪的是，如果你们把它们当礼物送给我，我会觉得很尴尬。我不想在家里展示它们。是，客人们来了会说："噢！哥本哈根瓷器！"这让你愉快，那种愉快就像是当你递给别人一根雪茄时听到他欢呼："博克皇家！一根要两克朗呢！"[1]这样的愉快代价很大。我得一整天都要忍受瓷器动物盯着我时责怪的目光。我不喜欢它们一直这样。我也不是总有心情应对这些。我想在房间里看到的是些普普通通的东西：藤椅或柯灵格[2]作品的复制品，或者是来自前几世纪的有趣作品。萨克森（Saxe）的瓷器！它们和我如今的生活没有任何交集。它们离我已有一世纪之远。

　　幸运的是我们现在已经不在墙上悬挂任何古语的警句谚语。但当"应用艺术家们"来做客并让我"创造些现代谚语"的时候，我说："不，不要任何谚语。"我才不要在我房间墙上贴满搞笑的纸片，它们有别的更好的去处。

　　哥本哈根陶瓷公司也生产花瓶。叫它们花瓶不是很贴切，叫瓶子更合适。因为这些瓶子没花的时候更好看。我喜欢房间里有鲜花，但鲜花无法匹敌这哥本哈根花瓶的精巧风格。鲜花在平淡无奇的邦兹劳[3]陶瓷中更能

---

1 译注：博克皇家（Bock Imperiales）是亨利·克莱（Henry Clay）雪茄品牌下的一款高级雪茄烟，价格昂贵。亨利·克莱公司出产原产地为古巴的高级雪茄，第二次世界大战期间英国首相丘吉尔是该公司的忠实顾客。
2 译注：马克斯·柯灵格（Max Klinger，1857—1920）为德国画家和雕塑家。用大理石雕刻的贝多芬半身像是他的著名作品之一，曾在 1902 年维也纳分离派的展览上展出。
3 译注：邦兹劳（Bunzlauer）是波兰西南部城市，始建于 13 世纪，以生产瓷器而闻名。

显示它的美丽。人人都能感受到这点，这也解释了为什么哥本哈根瓶子里总是空的。

我相信在日常用品中宣泄情绪和压力的时代已经过去，那些用品都无法使用。那个时代有无用的啤酒杯，用它你喝不到啤酒，也有无用的锤子，用它你不能钉钉子。现代人有别的途径释放他们多余的能量。有天早上我醒来很高兴。我梦到哥本哈根瓶子上的所有小动物都疯了，于是这些瓶子都得送回哥本哈根陶瓷公司的花瓶匠师那儿返工。

有些人说我有品位。一旦你有了这个名声，就会有人想让你陪同他们买东西。一位女士邀我跟她一起去分离派的作坊，给她的采购提些建议。她想买些房间饰品。钱是小事，但东西别太大。我建议她买尊罗丹的小型大理石雕塑，一张神乎其神的脸力图从石头中挣脱出来。这位女士从各个方向检视了这个雕塑。她很困惑，然后问我："这是干什么用的？"这次轮到我困惑了。她觉察到了我的困惑并解释说，"您看，卢斯先生，您总反对古尔施那[1]以及其他那些艺术家，但至少我明白他们想干啥。我能在这块石头上划火柴吗？即使我能，我该把火柴搁哪儿？我能在上面放蜡烛吗？烛托又在哪儿？我能在上面掸灰吗？"

我之前说什么来着？他们这是在出卖艺术！

---

1 译注：古斯塔夫·古尔施那（Gustav Gurschner，1873—1979），奥地利雕塑家，也是维也纳分离派的一员。

维也纳最美建筑室内、宫殿、濒危建筑、新建筑和散步小径——答调查问卷
(1906)

　　最美建筑室内：圣斯德望主教堂（der Stephansdom）（图6）。我是老调重弹？那就更好了，这再三强调都不过分：我们有全世界最令人心生崇敬的教堂空间。这可不是我们从父辈那儿继承而来的死气沉沉的压箱货。这个空间向我们讲述着我们的故事。每一代人都曾用自己的建筑语言为它

图6　圣斯德望主教堂室内，维也纳
©Bwag

图 7 列支敦士登宫，维也纳，1903 年，弗朗茨·泽维尔·梅塞施密特（Franz Xaver Schleich）绘

添砖加瓦。除了我们，因为我们不会使用自己的建筑语言。因此，在过去四十年我的同行们尚未发一言的时候，这个空间最美好。暮光中，教堂的窗户若隐若现；这空间仿佛席卷了你，以至于……我发现我无法形容它带给我的触动。当你参观完教堂回到街上的时候，或许都能觉察到这股动人的力量。这感觉比听完贝多芬的第五交响曲还要强烈。但听交响曲要花半小时，感受圣斯德望主教堂只需要半分钟。

最美宫殿：位于银行街（Bankgasse）的列支敦士登宫（Palais Liechtenstein）（图 7）。它是如此非维也纳，没有沾染任何小家子气的巴洛克风格。有人可能会偏爱这种繁复的小家子气。而我们在这儿浸染在震慑人心的罗马建筑语言中，真真切切，没有沾染上德国留声机的杂音。如果你从米诺西滕广场（Minoritenplatz）出来走向阿布拉罕•阿•圣克塔•克拉拉街（Abraham a Sancta Clara Gasse），抬起头便能看到这栋建筑的大门。

最美濒危建筑：位于安姆霍夫广场（Am Hof）的军政部（Kriegsministerium）。噢，维也纳人，好好看看它，因为它不久将不复存在。人人都知道它很快就会被拆除，但没人伸出援手来阻止这番暴行。那好，确保将广场现在的样子印入你的脑海，这样你才能把它留在心底。这栋大楼为整个广场奠定了基调。没有了它，安姆霍夫广场将不复存在。

最美新建筑：每当中心区拆除一栋旧楼时，人们不是担心一栋难看的新楼会取而代之吗？当去年位于卡尔特那街和赫迈普福特街（Himmelpfortgasse）拐角的那栋楼被拆除的时候，我也曾这样焦虑过。但令人惊喜的是建起的新楼和卡尔特那街的神韵完美融合。它看上去延续了维也纳市中心的老派风格，谦和，沉静，精致。这栋房子不会被刊登在艺术杂志上，因为人们会认为它不够"艺术"。它也不够某些人口中所说的现代，或者说是，粗俗。但这栋大楼的建造者对于现代建筑师对他作品"不现代"的责难无动于衷，就如同穿着得体的人对乡间小裁缝学徒的嘲笑置之不理一样。我在此对这栋大楼的建造者致以谢意。

最美散步小径：早春时圣城区（Heiligenstadt）的贝多芬小径（Beethovengang）（图8）。

图 8 臬玻穆的若望（Johannes Nepomuk）塑像，贝多芬小径，维也纳
©GuentherZ

我的建筑学校
（1907）

没有什么比被诅咒为无活可干更不幸的了。

十五年前，我请求约瑟夫·霍夫曼（Josef Hoffmann）教授让我为分离派展览馆的会议室做室内设计，反正这是一个没什么人会看到的房间，预算也只有几百克朗，但我的请求被断然拒绝了。

后来威廉·艾克森纳[1]好心引荐我去技术手艺博物馆给学裁缝课程的学生上课，由于当时的秘书，阿道夫·菲特（Adolf Vetter）（现在在劳工部）的反对，我不得不立即停课。

这第二次的经历更令人痛苦。我觉得，我的范例和授课有许多值得分享给大家的内容。而当我看到我的案例，通过一系列公共委托工作被那些反对我的艺术家们扭曲成了错误的教义时，这种痛苦成了折磨。

这时在我生命中出现了一道光！有些奥托·瓦格纳[2]的学生，我心目

---

1 原注：威廉·艾克森纳（Wilhelm Exner，1840—1931），维也纳技术手艺博物馆（Technologisches Gewerbemuseum）的创始人和馆长。

2 原注：奥托·瓦格纳（Otto Wagner, 1841—1918）是维也纳早期现代主义建筑的先锋人物。他在维也纳美术学院任教并影响了一大批重要的现代主义建筑师，其中包括分离派的创始人约瑟夫·霍夫曼和约瑟夫·奥尔布里希。他的代表作包括位于维也纳的奥地利邮政储蓄银行（Österreichische Postsparkass，1904—1906）和卡尔广场城铁站（Karlsplatz Stadtbahn，1899）。

中较优秀的那几个，建议我申请瓦格纳空出的教授职位。

当然我很清楚这个尝试注定会失败，但我们年轻一代中的翘楚对我的信心赋予了我建立自己的学校的力量。

这就是阿道夫·卢斯建筑学校成立的原因。

我想把我们高等学校里所教授的建造方法替换为我自己的教学内容。我们的高等学校的内容由两部分组成，一部分是沿用过去的建筑风格以应对现代的需求，一部分则是寻求一种新风格。而我的教学则全是关于传统的。

在 19 世纪初我们背离了传统，而我想延续传统。

我们的文化是建立在对经典建筑的超群伟大之处的认同基础之上的。我们从古罗马人那里继承了思考和感觉的方式，同时他们也教会了我们社会观念和精神的培养。

自从人类感受到了经典古迹的恢宏之处，伟大的建筑师们都持有相同的思考方式。"我建筑的方式"，他们想着，"是罗马人身处我的情况会采取的方式。" 这也是我想教授给学生们的思考方式。

现在理应建立在过去之上，就如同过去建立在之前的时代上。

这从没有例外，也不会有。我教授的是真理。因为错误的教义控管着所有学校和公共领域，我将无法在有生之年见证真理的胜利。至于我的学生们能否看到，取决于他们的力量。我警告所有缺乏力量的人避免成为我的学生。因为我的学生们，你们将被那些通过俱乐部、协会、艺术学刊和报纸征服公众的小团体排除在外。你们得自力更生。你们不会得到国家委任的项目和教职。我只希望，将人生献给社会需求的理想能够补偿此生头衔、荣誉，以及闲职美差的损失。

我的学生分为正规学生和旁听生。正规学生在我的事务所工作，旁听生能够聆听我的讲座。我的听众中有许多来自两所建筑大学——维也纳工业大学和美术学院——的学生，这个事实给我很大的满足感。到目前为止，我们教授了三门课：室内装修、艺术史和材料学。施瓦茨瓦尔德学校让我们随意使用其教室，对此我代表我自己和学生们衷心地感谢该机构的负责人尤杰妮·施瓦茨瓦尔德博士（Eugenie Schwarzwald）。这所学校恐怕因此忍受了诸多不便。来听讲的人群太拥挤，以至于我的授课得占用两间教室，教室之间由双门连接，每间教室容纳四十人。但这取得了巨大成功。我的听众来自社会的各个阶层，在维也纳仅是短暂停留的外国游客也想聆听我的讲座，穷学生和公主共坐一堂。

本学期中，某高校的一位老师禁止他的学生来听我的讲座。我得感谢他。那些有自己主见的人留下了，他帮我排除了那些没有主见的人。

我只有三个正规学生。其中一个已完成了他在高等职业学校的学业，另外两个在工大就读了几个学期，但对房屋建筑毫无技术认识。我的方法是同时考虑项目中所有技术和建筑细节。对外观的设计回到维也纳建筑师们背离传统的那个起点。学校的风气让学生们相互比较他们的作品并从中学习。他们的项目都得从内而外进行设计，地板和天花板（镶木地板和天花镶板的分割）是首要考虑的对象，立面为其次。需把大量注意力放在精

图 9 帕拉斐悉尼宫，维也纳，1784 年
©Informationswiedergutmachung

确的轴线分布和合理的陈设布置上。通过这种方式，我的学生们学会了立体地思考。今天很少建筑师能做到这些。今天的建筑师们所受教育似乎止于在平面维度上的思考。

明年我拟调整扩大我的建筑学校的课程，增授结构力学和建筑构造的内容，让来自高中和职高的学生们也能毫无障碍地学习课程。最后，每年我们都将细心研习一栋维也纳的房子，它们将出于我们所延续的那个时代。明年我们将以赫岑多夫·冯·霍赫贝格（Hetzendorf von Hohenberg）的重要作品，即位于约瑟夫广场的帕拉斐悉尼宫（Palais Pallavincini）（图 9）作为首个研习对象。

文　化

（1908）

　　或许对德国人来讲，听到说他们应当放弃自己的文化而采用英国的文化不是件令人愉悦的事，保加利亚人也不会爱听这个，更不用说中国人了。感情用事在这儿不起作用。对于一些稀里糊涂的人，创建国家风格的呼声落到了服饰、床上用品和夜壶等古怪的方向上。但讲到枪械则是英国样式所向披靡。

　　对此，德国人能够自我安慰地认为，19 世纪英国人强加给世界的是德国人自己的文化。日耳曼文化在不列颠诸岛上完整地保留下来，如同覆盖在苔原冰雪下的猛犸象，如今，重焕活力生机勃勃，正践踏着所有其他文化。在 20 世纪，将只会有一种文化统领全球。

　　古时候许多文化能和睦共存。一个千年又一个千年，一个世纪又一个世纪，文化的种类不断减少。在 15 世纪，日耳曼人失去了自己的文化，并被迫接受了拉丁文化。拉丁文化曾一统整个欧洲直到 19 世纪。十年前我曾试图描述这两种文化的异同：拉丁文化，是猫的文化；日耳曼文化，是猪的文化。

　　猪是日耳曼人最主要的驯养动物。它是动物中最干净的，正如同德意志人是欧洲人中最干净的。它也是依赖水的动物。它如此急需用水，因为它必须半天就洗一次澡。干净这一抽象概念应该对任何动物来说都是陌生的，但猪的皮肤渴求湿润。拉丁人和东方人对此无法理解。因此，在他们那儿，猪的地位十分低下而且还被逼——这真是骇人听闻的折磨——在自己的污秽物中进食。犹太人认为它的肉不洁。但在德意志农民那里，猪睡在家里。在所有动物中，猪是最不可舍弃的。它和人一样裸露皮肤。在不允许在人类尸体上操作之前，解剖学家们是在猪的身上研习解剖技术的。

但正如我说过的，拉丁人不这么看。他们认为，猪先弄脏了自己，才要水洗。拉丁文化中有一个谏言说的正是：不要弄脏自己，如此就不需要水来清洗。如果一个德国父亲告诉自己的儿子："需要每天洗澡的人肯定是个肮脏的讨厌鬼。"这个德国父亲应该深受罗马文化的影响。拉丁人的文化象征是猫。猫才是真正肮脏的动物。所有动物中它最讨厌水。它花整天的时间把皮毛上累积的尘土舔掉，这是为什么它如此小心翼翼尽量不要沾到尘土。而代表了日耳曼文化的英国人却总是会弄脏自己。在马厩里，在自己的马上，在田野中，在树林里和牧场上，在群山峻岭间，在他的游艇上。多数事他们都亲力亲为而不转交给雇佣的帮手。他们骑马，而拉丁人让其他人为自己骑马。他们猎狐嬉戏。英国人教会我们攀登我们自己境内的群山，以及做上千件会把自己弄脏的事。但今天，他们仍沿用我们祖先在 14 世纪的洗澡方式。此外，英格兰文化和苏格兰文化这两种文化在大不列颠并驾齐驱了数千年。相较之下，苏格兰文化更为强悍，因此它更接近于日耳曼文化的理念。英格兰人渐渐被苏格兰人同化。

英格兰人善于农耕，苏格兰人精于畜牧。日耳曼人感到在群山中生活最宜人，他们在那儿能最好地保留自己的本性特色。斯拉夫人把犁引入了欧洲——在所有日耳曼语系里，"犁"都是一个斯拉夫外来词。犁需要在平原的平坦土地上使用，而站在犁后操作的人需要穿高帮的靴子，这种靴子适于骑乘，但并不是很好走。而日耳曼民族喜好步行。他们穿的是绑带皮鞋[1]，坐在马背上只需要系一条皮带子即可，但步行时则需要裤子背带。因为骑马的时候不需要用到自己的膝盖和大腿，所以可以将它们包裹在狭窄的筒装里。而行走的时候人需要保持膝盖灵活，因而需要穿宽腿裤，或者，最好是什么都不穿。

在平原上人们需要光滑的衣物，在山里则需要粗糙的衣物。维特[2]的服饰已经绝迹。它还是过于斯拉夫样式了，马裤和马靴，蓝色精致毛料的大衣和骑行帽。这种服饰销声匿迹的原因在于它属于正式着装。它变化为燕尾服，但在文明的世界，没人白天穿燕尾服。然而，直到今天，仍有些德国的教授穿着这身行头去见他的部长，为街头青年们提供了笑料。

但世界惊异于新维特的系带靴子、苏格兰长袜、齐膝短裤和粗毛料的外套。一百年过后，德国教授才会穿上这身去会见大臣，但那时绿蒂则会看到她的维特穿着一条长及腋下的背带阔腿裤。

那时美国工人将会征服世界。

那些穿工装裤的人。

---

1 译注：绑带皮鞋（Bundschuh），历史上的一种皮鞋，用一根长带子将其捆绑成型，其原型可追溯至古代。在中世纪晚期的乡村地区十分普遍，1524—1526 年爆发的德意志农民战争中，捆绑皮鞋还被用作农民军的标志。

2 原注：维特（Werther）指歌德的名著《少年维特之烦恼》的主角维特。他代表着 18 世纪贵族出身的时髦少年。后文中的绿蒂（Lotte）是维特的心上人。

多余的 "德意志制造联盟"¹
（1908）

现在他们相聚一堂在慕尼黑开会。他们再一次告诉我们的工业界和工匠们他们多么重要。最初，那是十年前，他们为了证实他们存在的意义，说他们得把艺术带进手工艺中。工匠们没法这么做，因为他们太现代了。对于现代人来说，艺术是高不可攀的女神，因此把艺术应用到日常用品中去是亵渎了艺术。

消费者也这样觉得。没文化的人对我们现代文化缺乏的攻击似乎不攻自破了。那些墨水台（有两个水中仙女的石头池子）、烛台（蜡烛插在一个少女握着的水罐上）、家具（床头柜是两面小鼓，橱柜是面大鼓，上面蜿蜒着一些橡树枝的雕刻纹路）卖不出去。而如果有人买了这些东西，两年后就会为此感到害臊。这些东西和艺术没有任何关系。但这些东西已经

---

1 译注：德意志制造联盟（Deutscher Werkbund）是德国的艺术家、工业家和手工艺人联盟。它由十二位当时德国重要的艺术家和十二个突出企业于 1907 年在慕尼黑创办。该组织希望通过三方的联合，寻求一种现代的、德国的艺术风格，并让艺术家和手工艺人用这种风格为机器生产的产品做设计。在国家层面上，希望以此来改变"德国制造"在当时国际市场上粗制滥造的印象并且提高产品出口。在社会的层面，该组织希望以此方式稳定巩固艺术家和手工艺人在大机器制造时代的社会作用。该组织在德国，甚至是德语区，兼顾着文化教育职责，曾多次举办展览和讲座来提升大众的审美能力。他们也希望借由艺术家们设计的日用产品进入市场而潜移默化地影响大众的品位。

图10 凡·德·维尔德, 无扶手单人椅 (德语:
Sprossenstuhl, 意为幼苗椅), 1895 年
©Christ 73

图 11 约瑟夫·霍夫曼, 座椅机器 (靠背可调节)
(Sitzmaschine), 1905 年
©I,Sailko

在这儿了, 得延续, 因此他们换了种策略声称他们想帮助文化站稳脚跟。

但这似乎也行不通。一种共同的文化——而且只有一种——会创造出共同的形式, 而凡·德·维尔德的家具却和约瑟夫·霍夫曼的家具大相径庭 (图10 和图11, 译者选择了这些艺术家的椅子设计作为例子)。德国人应该选哪种文化, 凡·德·维尔德的还是约瑟夫·霍夫曼的? 理查德·李美施密特德 (Richard Riemerschmid) 的风格 (图12) 还是约瑟夫·奥尔布里希的风格?

图 12　理查德·李美施密特德，无扶手单人椅，橡
木皮座套，　1898—1899 年
©FA2010

我认为这也跟文化毫无关系，因为有越来越多的人表示，给应用艺术家提供充足的就业机会对国家和企业而言是个经济问题。这些话已经在企业家们的耳边嗡鸣三天了。

而我的问题是：我们需要应用艺术家吗？

不需要。

那些竭尽全力设法把多余的元素拒之门外的产业，唯有他们的产品能表现我们时代的风格。他们的产品如此贴合我们时代的风格，以至于——这是唯一的标准——我们根本不把它们看成是有"风格"的。它们和我们的思想情感融为一体。我们的马车、我们的眼镜、我们的光学设备、我们的雨伞和手杖、我们的箱包和马具、我们的银制烟盒和装饰、我们的珠宝，以及我们的衣着都是现代的。它们是现代的，正是因为没有艺术家试着介入并对它们横加教导。

我们时代的文化产品诚然和艺术没有一点关系。在野蛮的时代里，艺术作品和实用的器皿结合为一体，但那个时代已经结束了。这对艺术来说是一件好事。在未来的人类历史里，会有一重大篇章贡献给 19 世纪：我们要感谢这个时代，因为它清楚地区分了艺术和手工艺。

装饰日常用品是艺术的开始。巴布亚人在他们的家居物品上覆满了装饰。人类历史显示出艺术是如何从这种日常用品的制造和手工艺人的作品中挣脱出来而获得自由的。一个 17 世纪的人会喜欢从一个刻有亚马孙大战的啤酒杯里饮酒，或是在印有抢夺珀耳塞福涅绘画的盘子上切肉。我们做不到。我们这些现代人。

我们想将艺术从手工艺作品中分离出来，这会使我们成为艺术的敌人吗？让我们不现代的艺术家们为鞋子制造商不需要他们的辅助而黯然神伤吧——人们泪汪汪地想起过往——阿布雷希特·丢勒[1] 却能设计鞋子的样式。然而，对于现代人来说，他会宁愿生活在今天而不是 16 世纪，因为如此滥用艺术天分是野蛮的行径。

这种分离对我们的智识和文化生活都是一桩好事。《纯粹理性批判》（*Kritik der reinen Vernunft*）[2] 是不可能由一个头戴五根鸵鸟毛的人写出来的。第九交响曲[3] 也不可能出自于一个把盘子大小的圈轮挂在脖子上的

---

1 译注：阿布雷希特·丢勒（Albrecht Dürer）是 15 至 16 世纪德国最重要的画家和版画家，也是北部文艺复兴最有影响力的艺术家。

2 译注：《纯粹理性批判》是康德最具影响力的著作，也是整个西方世界哲学研究中重要的、具广泛影响力的著作之一。

3 译注：卢斯指的应该是贝多芬的第九交响曲。

人。歌德去世的房间比汉斯·萨克斯[1]制鞋工作坊更壮观，就算后者的每件东西都是丢勒设计的。

18世纪把科学从艺术中解放了出来。在此以前，人们在制作的解剖手册里面，用精致的铜版画展示希腊诸神的腹部组成，或是把肠子露在外面的美第奇（Medici）的维纳斯。即使今天，巴伐利亚的乡下人也是从集市庆典上的"解剖学维纳斯"学习人体知识。

我们需要的是"木匠文化"。如果所有的应用艺术家们都去画画或扫大街，我们就会拥有这样的文化。

---

1 译注：汉斯·萨克斯（Hans Sachs）身兼数职，是15至16世纪德国的演唱家（Meistersinger）、诗人、剧作家和鞋匠。

文化的堕落
（1908）

我们应当感谢赫尔门·穆特修斯[1]曾为我们出版了一系列很有教益的关于英国的生活和居住方式的书籍。他阐述了德意志制造联盟的目标并试图强调其存在的必要性。这些目标都很好，但是制造联盟恰恰是绝不可能实现这些目标的团体。

制造联盟的成员企图把我们目前拥有的文化替换成另一种。我不知道他们为什么这么做，但我知道他们不会成功。没有人能够把手伸进不断转动的时间轮辐里而不被扯断手掌。

我们有自己的文化，我们有赖以生活的形式，以及满足这些生活所需的器具。没有任何个人或组织能够为我们创造橱柜、香烟盒和珠宝。时间为我们创造了这些，它们每一年、每一天、每一刻都在变化。因为我们自己、我们的观念和习惯也在时刻变化，这些导致我们文化的变化。但制造联盟的成员颠倒了原因和结果。我们之所以这样坐不是因为木匠制作出了

---

1 译注：赫尔门·穆特修斯（Hermann Muthesius，1861—1927）是德国建筑师、作家和外交官。他是德意志制造联盟最主要的幕后推手，也是该组织的创始成员之一。1896 年他作为文化使者出使英国，并在那儿生活了六年。回德国后，他著有《英国的住宅》（*Das Englische Haus*），其中着重介绍了英国工艺美术运动成员建造的大量住宅作品。该书在当时德国的建筑界引起很大的反响。

这样或那样的椅子。相反，木匠把椅子做成这样或那样是因为我们喜欢这么坐。因此制造联盟的活动是无效的。每个热爱我们文化的人都会为之欣喜。

参照穆特修斯的意思，制造联盟的目的可以概括为两点：工艺品质和为我们的时代创造出风格。这两个目标实际是一回事，因为任何以我们的时代风格进行制造的人，都会生产出高质量的作品，而任何不以我们时代风格进行制造的人，则会生产出低劣和粗糙的作品。这是合理的。低劣的形式——我指的是那些和我们的时代风格不相符的形式——人们在念及它们即将消失殆尽时，便会姑且忍受。但是，如果造出这种垃圾是为了永存，那就显得加倍丑陋了。

制造联盟的目标是制造永恒风格的物品，而不是我们时代风格的物品，这很糟。但是穆特修斯也说过，制造联盟的成员会齐心协力找到我们时代的风格。

这是徒劳。我们已经有了我们时代的风格。这种风格在艺术家，也就是这个组织的成员，尚未设法涉足的地方无处不在。十年前，这些艺术家企图征服新的领域，在把木匠这个工种破坏之后，试着掌控裁缝行业。那时制造联盟还未成立，这些成员属于分离派。他们穿着苏格兰材质的丝绒翻领礼服，把一块纸板撑在他们层层叠叠的领子里——"圣泉"的标志——上面附着黑色的丝绸，让人误以为是领带在脖子上缠绕了三道。我就此问题写了几篇有力的文章，把这些绅士赶出了裁缝和鞋匠的工坊，同时也挽救了另一些未遭艺术家骚扰侵害的行业。那些追随这种艺术文化方向的裁缝门可罗雀。顾客转向了享有名望的维也纳裁缝。

谁能否认我们的皮革制品反映了我们的时代风格？还有我们的餐具和玻璃器皿？还有我们的浴缸和美国的洗脸台？还有我们的工具和机器？所有，所有这些——再说一次——都是艺术家没有涉足的地方。

这些东西美吗？我不会这么问。它们反映了我们时代的精神，因此它们是恰当的。它们会没法适应另一个时代，也无法被其他民族使用。因此，它们展现了我们时代的风格。而且，世界上没有其他国家，除了英格兰，能制造出像我们这么好的质量，我们奥地利人理应为此感到骄傲。

但我想更进一步。我大方地承认，我觉得我的平滑的、舒缓弧线的、精确切割的烟盒很美丽。它给予我深远的美学享受。而我却觉得一个由制造联盟附属的工坊制造出来的烟盒糟透了（某教授设计）。而使用这样的工坊出产的银把手手杖的人，对我来说算不上绅士。

在文明国度里带有我们时代风格——而制造联盟想去寻找——的产品几乎占百分之九十。剩下的百分之十——其中包括我们的木工——由于艺术家们的干涉，已经无望了。当然，我们要恢复那百分之十。我们仅需以我们时代的风格去思考和感觉，其余的便是水到渠成。对于现代人，我们可以套用汉斯·萨克斯的话：时代在为他们发声（die Zeit, die sang für sie）。

十年前，和我的咖啡博物馆（Café Museum）同一时期，德意志制造联盟在维也纳的代表——约瑟夫·霍夫曼为位于维也纳安姆霍夫广场的阿波罗蜡烛工场设计了室内。这个作品曾被誉为我们时代的表现。今天没有人会想再这样赞誉它。十年之差向我们表明了它是错的。同样，十年之后也同样会清楚地看到今天这种方向的产品和我们时代的风格没有任何共同点。毫无疑问，自从我的咖啡博物馆之后，霍夫曼放弃使用雕花装饰，而且从建造技术的角度来看，他愈加靠近我的方式。但今天他还认为奇怪的蚀刻、印刻或镶嵌的装饰能美化他的家具。但现代人觉得没有文身的脸比有文身的美丽，就算那些文身是米开朗琪罗设计的也一样。这种标准也适用于床头柜。

为了能找到我们时代的风格，你必须自己是个现代人。那些企图改变已经带有我们时代风格的物品或替换其样式的人——以餐具为例——根本就没有识别出我们时代的风格。他们的寻找将是徒劳。

对于现代人来说，将艺术品和实用物品合并是对艺术最大的污蔑。歌德是现代人。我特别怀念他的一句话——他、培根、拉斯金和所罗门王的话被引用在艺术展的墙上——这些话在这儿不可或缺，因为它们十分应景："艺术，曾造就古人脚下的地面和基督徒头顶的教堂穹顶，现在却散落在盒子和手镯上。这个时代比你以为的还要糟。"

装饰与罪恶 [1]
(1908)

人类的胚胎在子宫里经历了动物界发展的所有阶段。当一个人类出生时，他的直觉感官就像一只刚出生的小狗。他在童年的经历对应了人类历史的所有阶段。两岁的时候他用巴布亚人的眼光看世界，四岁的时候发展到日耳曼部落人的眼光，六岁时像苏格拉底（Sokrates），八岁时像伏尔泰（Voltaire）。八岁的时候他意识到了紫罗兰色，这个颜色在18世纪才被发现。在此之前，紫罗兰被认定是蓝色而紫蜗牛是红色。即使今天物理学家能指出太阳光谱中被命名了的颜色，但是它们尚待未来的人类去识别。

小孩子没有道德感可言。巴布亚人也是。巴布亚人屠杀并吃掉他的敌人。他不算犯罪。但如果一个现代人杀了人并将他吃掉，他就是一个罪犯或堕落的人。巴布亚人在他们的皮肤上文身，装饰他的船和他的桨，装饰基本上所有他能接触到的东西。他没有犯罪。文身的现代人则不是罪犯就

---

1 译注：原题为"Ornament und Verbrechen"，翻译成"装饰和犯罪"其实更为贴切。文中卢斯将具备现代文化的人创造和使用装饰的行为夸张地比喻为"犯罪"。但是由于大家通常习惯于把这篇经典的建筑文本称为"装饰与罪恶"，此处我们也沿用这个通用的说法。此外，对于卢斯写作本篇的过程和关于写作时间的争议，参见《<装饰与罪恶>的故事》一文。

是个堕落的人。有些监狱里百分之八十的犯人都有刺青。监狱外那些有刺青的人，不是潜在罪犯就是堕落的贵族。如果一个有刺青的人死的时候还是自由之身，那么他（在未来得及）实施谋杀之前就死去了。

装饰人脸和所有周边事物的冲动是艺术的起源。它就像是孩童版的绘画。但是所有艺术都是情色的。

人类产生的第一个装饰，十字架，有着情色的起源。这第一件艺术品，第一个艺术行为，是由第一个艺术家，为了消耗自身过多的能量，涂抹在墙上而成的。一横：一个卧着的女人。一竖：男子穿越了她。创造出十字架的人感到了和贝多芬一样的创作冲动，他身处于贝多芬创造第九交响曲时所在的同一个天堂。

在我们的时代，顺从内心冲动在墙上涂抹色情符号的人不是罪犯就是堕落的人。毫无疑问，有堕落症状的人身处卫生间的时候，这种冲动往往来得最强烈。一个国家的文化程度可以根据厕所墙上涂鸦的程度来衡量。对于孩童来说，这是个自然现象：他的第一个艺术表达就是在墙上涂画色情符号。对于巴比亚人或孩童来说自然合理的事，对于现代的成年人则是堕落的象征。我有如下发现想公布于世：文化的进化意味着从日常用品逐渐剥离装饰的过程。我相信我通过这个发现给世界带来了新的快乐，世界却没有因此感谢我。人们垂头丧气，意识到不再能产生新的装饰让他们感到抑郁。只有我们，19 世纪的人，不能做任何民族和我们之前任何时代所能做的事吗？在之前的几千年里，人类创造的所有没有装饰的东西不是被不假思索地抛弃了，就是任其自生自灭。我们没有保存来自卡洛林时代[1]的长凳，但每一个少量装饰的瓶瓶罐罐都被收集起来，清理干净，收藏在豪华的宫殿里。然后人们伤感地走在玻璃橱窗之间，对自己的无能为力感到羞愧。每个时代都有自己的风格，唯独我们的时代要拒绝风格吗？说到风格的时候，人们指的是装饰。于是我说：别哭泣！看，这正是我们时代的伟大之处，它无法产生一个新的装饰。我们超越了装饰，我们一路披荆斩棘，直到从装饰中解脱出来。看，这个时刻即将到来，等待着我们实现。很快我们城市的街道会像白墙一样闪耀，像是天国，神圣之城，天堂的都城。那便是实现之日。

有些身着黑色长袍的牧师绅士们不愿忍受这个。人们仍需在装饰的奴役下喘息。人们已经进步到了装饰不再唤起愉悦感觉的程度，看待有刺青的脸的时候，进步到了不再像巴布亚人那样认为在脸上刺青增加了美感，而是认为它减少了美感。人们进步到了一个朴素的烟盒能使他们感到愉快的程度，相反他们不会购买一个有装饰的烟盒，即使是相同的价格。他们对自己的衣服感到很满意，并且为他们不必穿着镶有金穗带红绒布的紧身裤——像庙会上的猴子一样招摇过市——而感到欣慰。我说过：看，歌德死去的卧室比所有文艺复兴时期富丽堂皇的宫殿都要美好，而一件朴素的家具比任何镶嵌或雕刻过的博物馆家具都要美丽。歌德的语言比所有佩格尼茨（Pegnitz）牧羊人的华美辞藻都要文雅。

黑袍牧师听到这些话很不乐意。还有政府，它的主要任务就是中止人

---

1 原注：卡洛林时代指的是卡洛林王朝所延续的时期。卡洛林家族在 8 世纪初开始统治法兰西王国并在 9 世纪后期结束统治。

民的文化的发展，视装饰的发展和复兴的问题为己任。枢密院的革命真令人担心！很快人们会在维也纳工艺美术博物馆看到一件叫"满满一网鱼"的橱柜，很快就会有立柜被不幸地命名为"迷人的公主"或类似的以装饰来取的名字。奥地利政府如此严肃地对待这项任务，以至于要确认在奥匈王朝的战争前线用过的裹脚布不会消失。它强迫每个满二十岁的有文化教养的人穿三年裹脚布而不能穿由机器工业制造的鞋类。毕竟，每个政府的运行都基于这个前提：文化起点低的人比较好统治。

现在好了，装饰的病症被官方认可并有政府资金补贴。但我把这看成是倒退。我不接受装饰提升了一个有教养的人的生活乐趣的想法，我也不接受某些反对意见说："但如果装饰是美的！"装饰没有提升我的生活乐趣或任何有文化的人的生活乐趣。如果我想吃一片姜饼，我会选择一片十分光滑的而不是一片覆满装饰的心形、婴儿形或骑士形的姜饼。15世纪的人无法理解我。但所有的现代人都会理解。拥护装饰的人认为我对于简单的主张来自禁欲的天性。不，工艺美术学校令人尊敬的教授，我没有抑制我自己的欲望！过去几个世纪里的展示菜盘，上面附有各种各样的装饰是为了让孔雀、野鸡和龙虾看起来更美味，而这在我身上会产生反作用。当我经过一个烹饪艺术展览并想到我得吃掉这些填了馅的动物尸体时，我都心惊肉跳。我选择吃烤牛肉。

复兴装饰所导致的美学发展上的巨大损害和灾难可以轻易被克服，因为没有人，甚至没有政府的力量，能够中止人类的进化。它只可能被延缓。我们能等。但这却是对国家经济的犯罪，它导致了人力、金钱和物质的浪费。时间并不能消弭这些损害。

文化发展的速度被滞后者们拖累了。我可能生活在 1910 年 [1] 的文化环境中，我的邻居生活在 1900 年，而有些的人甚至生活在 1880 年。一个国家的住户的文化程度有如此大的时间差异对这个国家来说是不幸的。卡尔斯 [2] 的农夫还生活在 12 世纪。而且参加庆典游行的有些人甚至在民族大迁徙时代也会被视作是落后的。[3] 那些没有拖油瓶或掠夺者的国家多么幸运。美国真幸运！我们当中有些非现代人甚至生活在城市里，来自 18 世纪的文化滞后者，甚至会被一幅图中的紫色阴影吓到，因为他们还看不出来紫色。对他们来说，厨师准备了一天的野鸡吃起来味道更好，而且他们也喜欢带有文艺复兴装饰的烟盒胜过平滑朴素的烟盒。在乡村又是什么景象？衣服和家具都属于过往的世纪。农夫不是基督教徒，还没有宗教信仰。

滞后者们不仅拖累了国家的文化进步，还拖累了全人类的。不仅仅是因为装饰是由罪犯制作出来的，而且因为装饰严重损害了人们的健康、国家的财政和文化发展。这等同于一起犯罪。如果生活在隔壁的两个人有相同的需要，对生活有相同的要求，而且有相同的收入，但从属于不同时期的文化，从经济学的角度来看我们会观察到如下现象：20 世纪的人会越来越富，18 世纪的人会越来越穷。我假设两个人都按他们喜欢的方式生

<hr/>

1 译注：原版《尽管如此》中为 1908 年，本书中更正为 1910 年，详见本书《<装饰与罪恶>的故事》一文（第 244 页）的相关阐释。
2 译注：卡尔斯，通常又叫作大格洛克纳山麓卡尔斯（Kals am Großglockner），是奥地利西南山区里的一个镇。
3 译注：欧洲的民族大迁徙时代，德语为 Völkerwanderung，指的是公元 4 世纪末到 6 世纪末由于罗马帝国崩塌而引起野蛮人入侵，各民族四处躲避流离的时代。

活。20世纪的人为满足自己的需求所花费的资本会少得多从而能省下钱。他喜欢蔬菜只是在清水里涮熟，再在上面加少许黄油。另一个人要达到同样的喜欢程度则需要在菜上加上蜂蜜和果仁，而且还得有人花费数小时来烹饪它。有装饰的盘子很贵，而20世纪的人喜欢的白色餐具则很便宜。一个省下了钱，另一个欠下了账。对整个国家来说也一样。为有人滞后于文化发展而悲叹！英国人将变得越来越富裕，而我们将越来越穷……

装饰对制造装饰的国家的损害更大。因为装饰不再是我们文化的自然产品，它是一种倒退或堕落的现象，所以制造装饰的工作不再能获得足够的酬劳。

众人皆知一个雕木工和一个车床工收入的对比情况。女刺绣工人和蕾丝女工的收入也是众所周知低得惊人。做装饰的工人得工作二十个小时以获得一个现代工人工作八小时的收入。装饰总的来说增加了一件东西的成本；有时候一件有装饰的物品的价格和它的原材料价格一样；有时候一件东西加上装饰要花掉制造平滑的东西三倍的时间，价格却是后者的一半。去除装饰能减少生产时间，提高报酬。中国的雕刻工人工作十六个小时，美国工人工作八个小时。如果我付给平滑的烟盒的钱和装饰的烟盒一样多，工人们只能自己承担这之间工作时间的差异了。假如完全没有装饰——这情形或许几千年后会到来——人们就只需要工作四小时而不是八小时，因为今天一半的工作都贡献给了装饰制作。

装饰浪费人力，消耗健康。它一向如此。今天它也意味着材料的浪费，而两者都意味着资本的浪费。

　　装饰不再和我们的文化有机地联系在一起,它也不再表达我们的文化。今天生产出来的装饰和我们没有联系,也完全没有人性的联系,没有和世界秩序的联系。它没有能力继续发展。奥托·艾克曼的装饰怎么样了? 凡·德·维尔德的呢? 艺术家永远精力充沛地站在人类的顶峰。但现代的装饰制造者倒行逆施或是个病态的现象。三年后他将摒弃自己的产品。对于有文化教养的人来说,那些产品瞬间出局,其他人几年后才觉得它们有些让人难以忍受的特质。奥托·艾克曼的作品如今在哪里? 奥尔布里希的作品十年后又会在哪? 现代的装饰前无父母,后无继承,没有过去也没有未来。对于没有文化的人,我们的时代的伟大之处就像一本带着七道封印的天书。他们愉快地迎接现代装饰,但是很快也会将其淘汰。

　　人类从来没有这么健康过,只有少数人病了。但这些人欺压统治着工人,工人那样健康,无法创造装饰。他们逼迫工人用各种材料制作他们发明的装饰。

　　装饰的变化直接导致了劳动产品的提前贬值。工人的时间和使用的材料是被浪费的资本。我有这样一个主张:一件物品的样式须和它的材料维持得一样久,样式的维持指的是它的样子还让人可以忍受。我将解释这个主张。西装外套比价值昂贵的毛皮衣服更常更换样式。只打算用一晚上的女式礼服,它的样式会比一张桌子更换得快。但是如果因为一张桌子的旧样式让人无法忍受,而必须像换掉一件礼服一样被快速换掉,这便是场灾难,花在这张桌子上的钱算是打水漂了。

　　装饰者们深谙此道。而且奥地利的装饰者们企图很好地利用现代装饰的这个缺陷。他们说："我们情愿消费者拥有一套他十年后会无法忍受的家具，而不是只有东西坏了才更替，这样他就被逼每十年换一次家具。工业要求这样的消费。正是这种快速的变更给数百万人提供了工作。"这似乎成了奥地利国家经济的秘密。当起火的时候，我们常常听到有人说："感谢上帝，现在大伙又有活儿干了。"对这种情形我有一个绝妙的解决方案。在镇上纵火，在国家纵火，这样每个人都能泡在钱堆和成功堆里了。生产的家具三年就当柴火用了，钢铁器材四年后就得被溶掉，因为即使被拍卖它们也卖不到原来材料和劳力价值的十分之一。这样我们将越来越富裕。

这个损失不仅针对消费者，更针对生产者。今天，在由于进步而摆脱装饰的东西上添加装饰意味着浪费劳力并折损材料。如果所有东西的美感能持续的时间和材料存续时间一样长，消费者可以支付更高的价钱，而这能够让工人们挣得更多，而且工作时间变少。如果我确定我能把一件东西用尽，我会愿意支付比它的材料或样子低等的物品的四倍价格。我很乐意花四十克朗在我的靴子上，尽管在另一家店十克朗就能买到一双。但那些店屈服于装饰者的压迫，无法衡量手工艺的好坏差别。这些工作遭殃是因为没有人愿意支付它真正的价值。

但这是好事，因为只有当装饰的物品的质量特别差的时候才让人可以忍受。如果我知道烧掉的都是些没有价值的垃圾货，我对失火才不会那么耿耿于怀。我可以平静地看待维也纳艺廊展出的那些垃圾是因为我知道它们很快会被批量生产，然后很快会被淘汰。但是扔金币而非石头，用支票点烟，把珍珠磨成粉喝掉，就会令人反感。

　　当装饰的物品使用的是最优质的材料，精心地花费很长时间制作的时候，它就是真正地令人反感了。我难辞其咎一开始就要求高品质的作品，但自然不是针对那些有装饰的东西。

　　那些将装饰看作是满载过去时代艺术感的崇高象征的现代人，会立即觉察到现代装饰折磨、矫情、病态的特质。达到我们的文化程度的人不可能再创造出装饰了。

　　对于尚未达到这种文化程度的人，则是另一回事。

　　我要向贵族人士传道。他们站在人类顶点并对以下困扰和需要有深刻了解。他们理解非洲黑人，了解他们为何要在布料上按一定节奏编织装饰，而这花纹只有把布料拆线才能看到。他们理解编织地毯的波斯人，在蕾丝上绣花的斯洛伐克农妇，把玻璃珠子和丝绸编织成精品的老妇人。贵族人士让他们顺其自然，他知道这些工作的时间对于他们来说是神圣的时光。革命者会走到他们身边说："这都是胡闹。"正如他会把小老太太从路边的耶稣受难雕像旁拉开然后告诉她说："没有上帝。"相反，贵族人士中的无神论者经过教堂的时候会脱帽行礼。

　　我的鞋子上到处覆满了由回纹和圆洞组成的装饰。制造它的鞋匠不曾收获和他付出等同的报酬。我对这位鞋匠说："这双鞋你要价三十克朗，我付给你四十克朗。"这带给了他无上的欢乐，而他也会以制造鞋子的优质材料和精湛工艺来报答我。这些价值远超过我所多付的钱。他很快乐。快乐很少降临他家。这儿有人理解他，欣赏他的作品并不怀疑他的诚实。他已经在脑海里想象出这双鞋完成时的样子。他知道如今在哪儿能找到最好的皮革；他知道该把这双鞋委托给哪个工匠；这双鞋上的回纹和圆洞装饰将被雕刻得优雅无比。然后这时我对他说："但有一个条件。这双鞋必须完全平滑。"这些话能让他从快乐的天堂坠入绝望的深渊。他的工作量少了，但我也带走了他所有的乐趣。

我要向贵族人士传道。只有当装饰给我的伙伴们带来快乐的时候，我才能忍受它们出现在我身上。这样一来，它们也成了我的快乐。我能接受非洲人、波斯人、斯洛伐克农妇和我的鞋匠的装饰，因为他们没有别的方式来获得更崇高的存在感。而我们拥有超越装饰的艺术。在每日的辛苦劳顿之后，我们去听贝多芬的交响乐或《特里斯坦和伊索德》。我的鞋匠却无法这样。我不能夺走他制造装饰的快乐，因为我们没有别的东西来替代他的这种快乐。但是任何听完第九交响乐然后坐下设计墙纸纹样的人则不是罪犯就是堕落的人。

装饰的缺失也把其他艺术形式推向了毋庸置疑的高度。身着绸缎蕾丝四处招摇的人不可能写出贝多芬的交响乐。今天穿着天鹅绒外套在外行走的人不是艺术家，而是小丑或油漆工。我们变得更文雅、更精致了。漂泊的牧人得用各种各样的颜色来彰显自己。现代人用衣着当面具，其个性强到不再能用衣着物件来表达。不加装饰显示了精神的强度。在恰当的时候，现代人会使用过去或异域文化的装饰品。他把创作冲动集中在别的事上。

回《玩笑》
——回复那些调笑《装饰与罪恶》的人 [1]
（1910）

亲爱的《玩笑》！

　　我跟你讲，将来有一天，关在由宫廷墙纸设计师舒尔策（Schulze）或凡·德·维尔德教授布置的牢房里会被视为加刑。

阿道夫·卢斯

---

1 译注：《玩笑》（*Der Ulk*）是总部位于柏林的德语讥讽杂志，是《柏林日报》（*Berliner Tageblatt*）和《柏林人民报》（*Berliner Volks-Zeitung*）的副刊。在卢斯第二次柏林讲座《装饰与罪恶》之后，该杂志发表了一篇调笑卢斯演讲的评论文章。这里收录的是卢斯针对《玩笑》一文的反击，发表在 1910 年的《风暴》（*Der Sturm*）上。

建　筑
（1910）

　　我能带你去山峦湖畔吗？那里天蓝水绿，万物都栖于宁静。云和山倒映在湖中，房子、农场和教堂也是如此。它们看起来不似人为，而像是直接出自于上帝之手，就如同那山、那树、那云和蓝天。一切是如此优美祥和……

　　但这又是什么？宁静中的杂音。像是多余的杂音。宛若天成的农夫们的房子，它们当中矗立着一栋别墅。这是建筑师的作品。它来自好建筑师还是坏建筑师？我不知道。我只知道祥和、宁静和美丽随之消失。

　　在上帝面前建筑师没有好坏，所有建筑师都一样。在城市里，在恶魔的国度，他们倒是有细微的差别，就如同恶的种类不一而足。因此，我问，为什么所有建筑师，不论好坏，总会亵渎湖景？

　　农夫不会。沿湖建造铁路或是用船在湖面上划出水纹的工程师也不会。他们和建筑师采取不同的工作方法。农夫在草地上标明他的新房子的基地，然后为墙基挖掘沟渠。砖瓦匠来了。如果附近生产黏土，就会有砖窑送来砖块。如果没有，他会使用湖边的石头。正当砖瓦匠在一块一块地砌砖堆石的时候，木匠到场工作起来。他挥舞着斧子，发出快乐的敲击声。他在制作屋顶。哪种屋顶？美的还是丑的？他浑然不知。这只是屋顶。

然后细木工测量门窗，所有其他的工匠过来测量尺寸，然后回去各自的作坊开始工作。最后，农夫调了一大桶石灰涂料，把这房子刷成好看的白色。他清洗了刷子收了起来。明年复活节会再用到它。

他想为自己、家人和他的牲口建一栋房子，并如愿以偿。正如他的邻居和他的祖辈们一样。正如每个动物被天性引导。这房子美么？美，和玫瑰或蓟花一样美，和马或牛一样美。

我再一次发问：为什么建筑师，无论好坏，总会亵渎湖景呢？建筑师，和几乎所有的城市居民一样，没有文化。他缺乏土生土长拥有文化的农夫的那种归属感。城市的居民没有根。

我所说的文化是我们内在和外在的平衡，它造就合情合理的思考和行为。我很快要做个演讲，题目为"为什么巴布亚人有文化而德国人没有"。

在此以前，人类历史上尚未出现过一个没有文化的时期。这个时期落到了 19 世纪后半段的城市社会中。在这以前文化都美好稳定地发展。人们应对当下的需求，从不瞻前顾后。

这时出现了伪先知，他们说："我们的生活多么丑陋无趣啊！"他们收集所有文化的物品，摆在博物馆里展示，并说："看，这是美。而你们却生活在可鄙的丑陋中。"

这样便出现了装饰着柱子和檐口的像是房子的家居用品，有了丝绒和绸缎。然后，最重要的是，装饰出现了。由于手工艺人，作为拥有现代文化的人，没有能力设计装饰，人们就设立了学校，用来扭曲人格健全的年轻人，直到他们能够设计装饰为止。这些神志备受摧残的怪胎利用他们的畸形来引来惊奇的人们的施舍，并以此谋生。

这时却没人呼喊："好好想想，文化之路是从装饰走向没有装饰。"文化的进化意味着从日常用品逐渐剥离装饰的过程。巴布亚人把他所及之处都覆满装饰，从他的脸到身体，到桨，到独木舟。但今天刺青是堕落的象征，只有在罪犯或没落的贵族身上才看得到。对于有文化的人，不同于巴布亚人，没有刺青的脸比有刺青的脸要美得多，即使那些刺青是由米开朗琪罗或科洛曼·默泽[1]设计的。19 世纪的人希望不仅他的脸，包括他的外套、桌椅、日常用品和房子都有别于巴布亚人人为创作的产物。哥特艺术？我们比那时候的人先进多了。文艺复兴？我们更先进。我们也变得更精致，更高贵。我们不再具备那种从刻有亚马孙人大战的象牙酒杯里饮酒的粗神经。过去的技术失传了？谢天谢地！我们以此换得了贝多芬的天籁之音。我们的庙宇神殿不再像帕特农神庙般被漆成蓝色、红色、绿色和白色，我们已经学会欣赏裸露的石头的美。

但是，正如我所说，没人提醒当时的人们这些事。而我们文化的敌人和高唱过去文化的赞歌的人轻易得手。他们错了。他们误解了此前的时代。所有留下来的物品，多亏了它们无用的装饰，因都不太实用而没有被用坏，才使得只有附有装饰的东西流传下来。因而人们就以为在过去所有的物品

---

1 原注：科洛曼·默泽（Koloman Moser，1868—1918），奥地利艺术家，维也纳分离派的领军人物之一。他喜好绘画古希腊、古罗马时期的神话题材。他的绘画风格对 20 世纪的平面设计产生了很大影响。

都有装饰。而且，通过装饰可以很容易地判定该物品的年代和来源。人们再以此把这些物品分类。这是那些倒霉的时代最有教益的消遣方式了。

手工艺人做不来。按照那些人的想法，一天之内，他应该在制造历史上所有已经制造出来的物品之余还得有所创新。这些物品表达的是它们各自的文化，它被工匠制作出来自然得就像农夫建造他的房子一样。今天的手工艺人能够和过去的手工艺人一样工作。一个歌德时代的人不再能制造装饰。于是，那些扭曲的人被请来监管这位手工艺师傅。

砖瓦匠和建筑师傅也被监管。建筑工匠只能按他的时代风格建造房子。而有人却可以按过去每个时代的风格来造房子，和他所处的时代断了联系，没有根的人，扭曲的人，他成了主控的人，他成了建筑师。

手工艺人们无暇读很多书。但建筑师的一切都来自书本。浩瀚的文献为他提供了他该知道的所有东西。人们无法想象这大量华而不实的出版物是如何毒害了我们的城市文化，如何妨碍了我们的自我认知。不管建筑师是消化了这些过去的建筑形式，按照记忆来作图，还是参考案前的原图册画出他的"艺术创作"，都会产生一样令人反感的效果。这种恶果无穷无尽。每个人力求自己的作品发表在最新的出版物上，得以永存。为了满足建筑师们的虚荣心，大量的建筑期刊应运而生。这样的恶循环持续到了今天。

建筑师排挤工匠还有一个原因。他学过绘图，而且因为他只学了这项技能，他对此很擅长。而工匠们不擅长绘图。他们的手笨。老师傅绘制的平面图很笨拙，任何建筑行业的学生都能画得比他好，更不用说那些被每个建筑师事务所都高薪追逐的所谓的"流畅的画师"了。

建筑师把神圣的房屋艺术降格为平面艺术。获得项目委托最多的不是建得最好的而是画得最好的。这两者截然相反。

如果我们从平面艺术开始排列艺术形式，我们将看到和平面艺术联系最紧密的是绘画。据此可以从彩雕到雕塑艺术，然后再到建筑。平面艺术和建筑在相反的两极，在这一列的两端。

最好的绘图师可能是个糟糕的建筑师，而最好的建筑师也可能是个糟糕的绘图师。如今进入建筑行业要求有画图的天分。我们所有的新建筑都是在画板上产生的，按这些图纸呈现三维形体，就如同把绘画转换成蜡像。

但对于老建筑匠师来说，绘画只是和参与施工的工匠们沟通的工具。就如同诗人用写作来交流。但是，我们还不至于没文化到让一个少年只通过练字来学习写诗。

众所周知，任何艺术作品都有自身强大的内在规律，因此它只能呈现它独有的形式。

一个能成为好剧本的小说，作为小说和剧本都是糟糕的。更糟的情况是，把两种不同的艺术形式混合在一起，虽然两者还有些共同之处。能展现为蜡像群的绘画不是好绘画。在卡斯坦的蜡像馆能看到蒂罗尔州 [1] 人的

---

1 译注：蒂罗尔州（Tirol）是奥地利西南部的一个省，首府是因斯布鲁克（Innsbruck）。

蜡像，但不可能有莫奈的《日出》或惠斯勒[1]的版画。然而，真正可怕的是，一套根据其表现方式必须把它归为平面艺术作品的建筑图纸——建筑师当中有真正的平面艺术家——会用石头、钢铁还有玻璃制造出来。一个判别真正的建筑意识的标准，是它无法完全用二维表达。如果我把最有感染力的建筑形象——彼提宫（Palazzo Pitti）从人们脑海中抹去，然后让最好的画师把它绘制成二维的建筑图纸参加比赛，评审们会把我送进精神病院。

如今"流畅的画师"主导了一切。建筑的形式不再由工匠的工具创造出来，而是靠铅笔。从一栋房屋的线脚或从它的装饰方式，我们能知道建筑师用的是一号还是五号铅笔。而圆规又是如何可怕地毁坏了我们的品位！点画法和画笔造成了方块的盛行。没有窗斜框或大理石板能在1：100的图纸比例下不受影响，而泥瓦工和石匠得大汗淋漓地按照乱画的图纸凿石砌砖。如果制图的人不巧用了彩色墨水，还得劳驾镀金师傅？！

但我重申：一栋真正的建筑物是无法用二维的图片展现的。我设计的室内被拍成照片就会完全走样，对此我感到很骄傲。就连这些公寓的主人都无法看出些哪照片拍的是自己的房子，就像拥有莫奈画作的主人无法认出以它为原型的卡斯坦（Kastan's）蜡像。因此我必须放弃在各种建筑杂志上看到我的作品的荣幸，我拒绝满足我的虚荣心。

这是不是说我的作品毫无影响力？我的作品无人知晓。但这正表明了

---

1 译注：卢斯指的是詹姆斯·惠斯勒（James Whistler，1834—1904），美国著名的印象派画家，但他主要的职业生涯都是在英国度过的。他认为对美的评判应仅来源于美学标准，而和教育、道德和功能作用无关。

图 13 咖啡博物馆，阿道夫·卢斯设计，照片摄于 1930 年
©Querfeld GesmbH

我思想的力量和我的教诲的正确性。我，未发表作品的建筑师，我，不为人所知的人，是千万人当中唯一有真正影响力的人。我可以举个例子来说明。当我终于有机会设计点什么时——这机会来得极为困难，因为，我说过，我所做的设计无法用图纸表现——我遭到了强烈的反对。十二年前我设计了维也纳的咖啡博物馆的室内（图 13），建筑师们把它戏称为"虚无主义咖啡馆"。但我的咖啡博物馆矗立至今，期间成千其他现代精工细作的作品要么被扔进了垃圾堆，要么它们的设计者对这些作品感到羞愧。咖啡博物馆对现代精工细作的作品的影响比所有此前的作品加起来还多，这一

点翻翻1899年慕尼黑的杂志《装饰艺术》（*Dekorative Kunst*）你就会明白。这杂志刊登了咖啡博物馆的照片，我猜多半是当时的编辑一时糊涂所致。但当时这两张照片毫无影响力，完全被忽略。因为，你也看得出来，只有榜样的力量才会有影响力。正是这种力量使得老手工艺人的影响更快地传播到地球上的偏远角落，即使或者恰恰因为当时那里没有邮局，没有电报或报纸。

19世纪的下半叶，没文化的人的叫喊声不绝于耳："我们没有建筑风格！"他们错得离谱。这正是这个时代拥有的更独特的风格，明显不同于此前任何时期的风格。这是文化史上绝无仅有的转变。因为，伪先知们只能凭着各式各样的装饰来识别一个时代的产物。他们痴迷于这些装饰，并偷换概念把它认作"风格"。我们已经有了风格，但是没有装饰。如果我把新旧房屋上的装饰统统凿掉，只留下光秃秃的墙面，确实会发现很难区分15世纪和17世纪的房子。但是即使随便一个路人都能一眼识别出19世纪的房子。我们只是没有装饰，而他们却悲叹我们没有风格。因此他们抄袭过去的装饰，直到自己也觉得可笑的地步。而当他们这条路走到尽头时，他们开始发明新的装饰。也就是说，他们已经沉沦到了能够这样做的低标准了。现在他们自我陶醉于发现了20世纪的风格。

但那不是20世纪的风格。有很多物品以它们纯净的形式显示了20世纪的风格。未经艺术学院监管的工匠制造了这些物品。首先是裁缝，然后是鞋匠、制作皮包和马鞍的工匠、制造马车和乐器的工匠，以及所有那些没有和我们的文化失去联系的人，因为在没文化的人看来，他们的手艺不够高雅，不值得被改造。多么幸运！十二年前，借助被建筑师遗漏的领域，我得以够建立现代的细木工坊——未受建筑师们侵扰的细木工坊。我的工作方法不像艺术家们那样天马行空放飞想象，毫无疑问如同他们在艺术圈里宣称的那样。我不这样。我去工坊的时候谦卑得像个学徒，仰慕地看着穿蓝围裙的师傅们，并请他们分享经验。在建筑师面前，工坊的传统被羞怯地藏匿了。当他们知道了我的愿望，当他们了解到我不是那些用画板上的空想来糟践他们热爱的木头的人中的一员，当他们看到我无意把他们所敬畏的材料原本优美的颜色漆成绿色或紫罗兰色时，他们重燃匠人的自豪之情，向我详细地讲解了他们藏匿的工坊传统的秘密，并吐露对压迫者的不满之情。我在老式马桶的水箱面板上发现了现代的墙体贴面工艺，我在存放银餐具的柜橱转角发现了现代的转角处理办法，我在手提箱和钢琴上发现了新的锁边和固定方法。而且我发现了最重要的一点，即 20 世纪的风格和 19 世纪风格之间的差别，无异于 20 世纪礼服和 19 世纪礼服之间的差别。

也就是说，差别不大。一个是蓝色布料配金色扣子，另一个是黑色布料配黑色扣子。黑色外套符合我们时代的风格，没人能否认这一点。学院里那些扭曲了的毕业生没有屈尊来改革服饰。他们都是体面人，觉得干这些事有失身份。这就是为什么我们的服饰仍然保留住了我们时代的风格。正经体面的人眼中值得做的事仅仅是发明装饰。

当我终于获得一栋房子的设计委托的时候，我对自己说，一栋房子的外貌变化顶多只能像一件礼服变化得那么多。也就是说不太多。我看到了我们的祖先如何建造，也看到了他们年复一年，百年复百年，把自己从装饰中解放了出来。因此我得回到文化发展齿轮断裂的那一点。我确信：为了延续文化的合理发展，我得适度简化。我得把金扣子换成黑的。房子得看起来不引人注目。我曾说过，穿得尽量不引人注目的人着装现代。尽管这听起来挺反常，但有许多正直的人们认真地收集我的这类反常的想法，并把它们重新出版。这种事常常发生，人们往往最终认同了我的这些观点。

说到不引人注目的特质，有一点我没有料想到。对于服装适用的理论，对于建筑不一定成立。没错，假设那些扭曲的人放过建筑，而以旧戏服或分离派为基准改革我们的着装，那么情况可能就会颠倒。

设想一下这种场景。每个人都穿着过去时代或幻想中遥远未来的衣服。你看到男人们穿着暗淡的古代服饰，女人们梳着高耸的发式，身着衬裙[1]，讲究的绅士们穿着勃艮第的裤子。他们当中甚至还有几人异想天开地穿着紫色高跟鞋和苹果绿绸布的紧身上衣，上面还点缀着出自瓦尔特·舍贝尔（Walter Scherbel）之手的小装饰。现在他们之中出现了一名身着朴素外套的男子。难道他不引人注目？难道他不会不引人不快么？难道不会有警察来把这让人恼火的人带走么？

但现在的情况相反。我们的服装没有问题，我们的建筑倒像是开起了化装舞会。我的房子（指的是位于维也纳圣米歇尔广场的被称为"卢斯楼"

---

1 原注：衬裙（Reifrock），又称克里诺林裙衬，裙衬即裙撑，是一种用棉布或亚麻布浆硬后做成的硬质裙撑，用以保持夸张撑开的裙形。克里诺林裙衬在 19 世纪英国和西欧的宫廷和社交界上流女子中十分流行。

图 14 卢斯楼（Loos Haus），维也纳旧城内，
译者摄于 2012 年夏天
© 熊庠楠

图 15 凡·艾克（Jan van Eyck）所绘带
着锯齿花边头巾的金匠，1430 年，画作收
藏于罗马尼亚布鲁肯萨尔博物馆（Muzeul
National Bukenthal）

的那栋房子，它在这篇文章写作期间建成）引起了很大不满，警察也立即
赶到了现场（图 14）。人们认为在家我怎么胡闹都行，但是这种行为不
能出现在大街上。

*

或许有人对我的上述言论心存疑惑，质疑制衣和建筑之间的可比性。
他们会说毕竟建筑是艺术。这一点我暂且认同。但您从没注意过人们的
行装和房屋外形之间显著的相关性吗？哥特风格和衣着上的锯齿花边
（Zatteltracht）（图 15）不是搭配得正好吗？还有巴洛克和长筒的卷发套？

但是，如今我们的房屋和我们的服装风格一致吗？人们害怕风格单一吗？以往那些同一时期同一地方的房屋和服饰不是风格统一的吗？两者如此统一，我们都能按风格和地区、国家和城市来分类。过去的工匠们没有今天这种焦虑的虚荣。传统决定形式，形式无法改变传统，匠师变更传统。当他们发现在新的情形下，他们无法再恰如其分地使用这固定、神圣的传统形式的时候，他们不得不做出改变。新的任务打破了旧的规则，产生了新的形式。但是，那些时代的人和他们时代的建筑是和谐的。他们的房屋愉悦了每个人。而今天，大部分的房屋只愉悦两个人：建筑师和他的顾客。

一件艺术品不用讨好任何人。和艺术品不同，房屋应该愉悦每个人。艺术品是艺术家个人的事，房屋不是。一件艺术品毫无目的性地来到这世界，而房子得满足某种需要。一件艺术品不必对任何人负责，而房子对每个人都负有责任。艺术品让我们感到不适，而房屋提供舒适。艺术品具有革命性，而房屋是保守的。艺术品关心的是未来，它指引我们新的道路，而房屋关心的是当下。我们热爱为我们增添舒适感的东西，讨厌一切为难我们或让我们抛弃固有安逸处境的东西，因而我们热爱房屋而讨厌艺术。

因此房屋和艺术无关。所以建筑不是艺术的一种？没错。建筑中只有很小的一部分属于艺术：坟墓和纪念碑。所有其他的，有实际用途的，都不属于艺术的范畴。

只有当我们消除了艺术具有实际用途的迷思时，只有当"应用艺术"这一具有欺骗性的口号从人们的词汇中消失时，我们才将拥有我们时代的建筑。艺术家只服务于他自己，建筑师却需要服务全社会。但是，把艺术和手工艺相结合对两者乃至全人类来说都是莫大的损害。人们不再了解什么是艺术。他们带着盲目的愤怒迫害艺术家，并阻碍了艺术品的诞生。每个小时人们都在犯罪，不可饶恕的罪，对抗神圣精神的罪。谋杀，抢劫，这类劣迹都能被原谅。但是，所有这些迫害艺术家，或是仅仅因为疏忽而盲目扼杀第九交响曲之类的艺术作品的行为，将不会被原谅。因为这阻挠了神的旨意。

人类不再了解什么是艺术。最近在慕尼黑举办了一个主题为"艺术服务于贸易"的展览，然而却没有人批判这厚颜的用词，也没有人嘲笑"实用艺术"这华而不实的用词。

艺术的存在指引人类不断向前，不断升华，越来越有神性。对于了解这一点的人来说，把艺术和物质功能相结合是对神明的亵渎。人们不允许艺术家们无拘无束地创作，因为他们对艺术家没有半点敬畏；同样，工艺品因为理想化的重负也无法自由发挥。艺术家无法获得大多数同代人的理解，他的领域着眼于未来。

因为存在好品位和差品位的房屋之分，人们就以为前者出自艺术家之手，后者出自非艺术家。但是建造出好品位的房子并不算什么壮举，就像是你不会把刀子捅进嘴里或每天早上刷牙一样稀松平常。人们这里混淆了艺术和文化的概念。你能指出一件过去的来自文明时代的品位低劣的作品吗？即使是小地方的最平常的石匠造出来的房子都是有品位的。当然有超群的匠师和普通的匠师的区别。超群的匠师负责重要的工作。得益于他们杰出的教养，相较于其他人，超群的匠师与世界的精神联系得更紧密。

建筑唤起人心中的情绪，因此建筑的任务是赋予这种情绪精准的表现。一个房间应该看起来很舒适，一套房子应该住起来很宜居。法庭应该看起来对潜在的邪恶势力有震慑作用。银行应该传达出"你的财产在这里由诚实的人妥善保管"的理念。

建筑师只有通过学习继承过去那些唤起人们情绪的建筑物，才能做到这一点。对于中国人来说，白色是哀悼的颜色，对于我们来说是黑色。因此我们的建筑师不可能用黑漆来表达愉悦的情绪。

如果我们在丛林中经过一个小土丘，以脚丈量，六脚长、三脚宽，用铲子垒起，像个金字塔，一种肃穆之情便油然而生。我们心中有个声音说："有人安葬于此。"这便是建筑。

我们的文化是建立在对经典建筑的超群伟大之处的认同基础之上的。我们从古罗马人那儿继承了思考和感觉的方式，同时他们也教会了我们社会观念和精神的培养。

罗马人无法创造出新的柱式，一种新的装饰，这并非偶然。他们比这些已经先进许多了。他们从希腊人那里继承了一切，为己所用。希腊人崇尚个人主义。每一栋房屋都必须有自己的线脚，自己独特的装饰特色。而罗马人从社会的角度思考问题。希腊人管理不好他们自己的城市，罗马人统治了天下。希腊人把他们的创造力挥洒在柱式上，而罗马人将其运用在平面图上。能够解决大尺度平面的规划问题的人，无意创造出新的线脚样式。

　　自从人们认同了古典时代的宏伟后，所有伟大的建筑匠师们都有一个共同的想法。他们认为在相同的情况下，罗马人会像他们一样建造。他们错了。时代、场地、目的和气候都无法成全他们的雄心。

　　但每当劣等的建筑师和装饰主义者把建筑艺术导向远离伟大典范的方向的时候，就会有一位伟大的建筑匠师出现，把我们再次引向古典主义的正途。南方的菲舍尔·冯·埃尔拉赫和北方的舍鲁特是 18 世纪名正言顺的建筑大师 [1]。 19 世纪初出现了申克尔 [2]。 我们遗忘了他。但是，这位杰出人物的光辉将照耀影响未来世世代代的建筑师们。

---

1 原注：菲舍尔·冯·埃尔拉赫（Johann Bernhard Fischer von Erlach，1656—1723）是奥地利巴洛克时代最有影响力的建筑师、雕塑家。他的建筑深远地影响并造就了当时奥地利哈布斯堡王朝的鉴赏品位。此处与之对比的是舍鲁特（Andreas Schlüter，1660—1714），德国巴洛克建筑师和雕塑家。他的现存作品分布在波兰、柏林和圣彼得堡等地。
2 原注：卡尔·弗里德里希·申克尔（Karl Friedrich Schinkel，1781—1841）是 19 世纪德国最重要的建筑师、规划师及建筑画家。他的作品采用新古典主义和新哥特主义风格，并大都坐落于柏林及其周边地区。他的作品对日后德国现代主义建筑师有深远的影响。

小插曲
（1909）

在歌剧院对面的海理希庭院里，坐落着法国金属器皿制造商克里斯托夫的维也纳分店[1]。我每天都得从那儿经过。但橱窗里的展品从来都没让我为之驻足。

一年前发生了一件特别的事。我正准备迅速经过的时候，有件东西吸引了我的注意，把我拉了回来。

在银制的餐具和刀叉之间——英式样式的餐具是给懂得饮食的人们，而奥尔布里希设计的那些是给不懂得饮食的人——有只等比例大小的杜宾犬。白瓷，釉质。只有眼睛和嘴部有颜色。

我首先想到：这是哥本哈根瓷器。这修正了我对哥本哈根瓷器之前的判定。我很想拥有这只狗。到底还是有艺术家能够创造出人们想拥有的物品。这个艺术家是谁？他住在哪儿？

我走进去询问，然后得知作者已经死了大概有一百五十年了。这件是塞夫勒（Sèvres）工厂生产的仿制品。

---

1 原注：海理希庭院（Heinrichshof）位于维也纳环城大道（Ringstraße），原是奥地利制砖商人 Heirich von Drasche-Wartinberg（1811—1880）的府邸，在 1945 年被毁。克里斯托夫（Christofle）是法国高端银制餐具和家居物件品牌，成立于 1830 年。

我买不起它。但从此之后，我每天都停下来看看我的狗。

这样过了一年。最近我所有的愉悦之情都消失了。那条狗不见了。我走进去问：我的狗去了哪儿？

它被一个美国人买走了。不过店里的人答应会再送来一只放在橱窗里。

我希望美国人都将走在对面的人行道上。

呼吁维也纳公民
——写于吕戈尔去世那天 [1]
（1910）

随着吕戈尔的去世，查理教堂 [2]（图 16）的捍卫者进入了坟墓。

查理六世曾希望这座教堂成为连接朔藤门（Schottentor）到约瑟夫广场的大道的终点。吕戈尔贯彻着这个计划。

环城大道的建设阻碍了这个计划。

这座教堂的设立和选址，还有它舒展的立面——并不是从平面发展而来——与其肃穆的室内形成了强烈的对比。这都表明，使这座教堂成为这条街道的尽端焦点仅仅是一个托词。

原有计划被抛弃了。但我们没有资格批评环城大道的建设者。我们自己不也抛弃了玛利亚·特雷西亚 [3] 的原有计划吗？她本希望通过设立房屋

---

1 译注：卡尔·吕戈尔（Karl Lueger，844—1910）是奥地利政治家，维也纳市长，通常认为在他的任期和努力下，维也纳从一个传统帝国都城转化成了一座现代城市。他创建并领导了奥地利基督社会党，该党执政路线极为保守，支持等级制度，反对资本主义和犹太人。

2 译注：查理教堂（Karlskirche）是奥地利典型的巴洛克教堂，建于 1737 年，在维也纳内城的卡尔广场南面。

3 译注：玛利亚·特雷西亚女王（Maria Theresia）是前文中神圣罗马皇帝查理六世的女儿，统治了哈布斯堡君主国将近四十年，也是该王国最后一位君主。

图 16 查理教堂（Karlskriche），维也纳旧城内，译者自摄，摄于 2012 年夏天
© 熊庠楠

规定，让后来人有机会把普哈特大街（Praterstraße）并入内城中心。

吕戈尔及和他一样明察事理的人，希望给予查理教堂所需要的应有的环境。

查理教堂在其周围需要大尺度横向的表面和连续的线。只有公共建筑才可能满足这些条件。可维也纳人认为公共建筑应该建在城外。

人们肯定是因为疏忽而没有把皇家博物馆群建在施梅尔茨¹，否则今天它们所在的地方会被建成公寓楼。

保卫查理教堂背后的建筑概念的人已经死了。这个曾拥有保卫教堂和整座城市不被捣毁的权力的人已经死了。

没有什么能阻止维也纳人按照他们的品位一意孤行，博物馆也会移往施梅尔茨。

腾空的场地上将建起三栋公寓楼。

因此，现在我请求维也纳的居民捐款做一块牌匾。

我呼吁所有维也纳人，在中间那栋公寓楼上挂一块荣誉牌匾，上面永恒地刻下为了成就这三栋公寓楼而不惜代价的人的名字。

钱不用捐太多，因为维也纳有这么多人，而一块匾花不了什么钱。

每个捐赠人都能提名一个他心中为了这三栋公寓楼的建立而值得被纪念的人的名字。

我们会从这些名字当中选出最终将被刻在匾上的人的名字。

曾勇敢地为这三栋公寓楼发声的人将会骄傲地看到自己的名字出现在纪念牌匾之上。

---

1 译注：施梅尔茨（Schmelz）原来是城墙外用来游行或操练军队的一块空地。1910 年左右被规划为建筑用地，现在属于维也纳第十五区。

关于我在圣米歇尔广场的房子
的两篇文章和一封信件
（1910）

我设计的第一栋房子

政府规划部门禁止我的立面继续建造的勒令给我免费做了广告。为此我都不知道该如何感谢。一个长期保守的秘密被昭告天下：有一栋我设计的房子正在建造中。

我设计的第一栋房子！一栋房子！我从来没想过在晚年我设计的房子还能建造出来。在种种经历之后，我深知没人能疯狂到委托我设计房子，甚至我的设计可能被任何规划部门接受。

因为我曾和他们打过交道。当时我被委托一项光荣的任务：在蒙特勒[1]，在美丽的日内瓦湖湖畔设计一所小房子。湖边有许多石头。因为住在湖边的人都用这些石头来建造房子，我决定也这样做。首先这样会便宜，这也会反映到我的设计费上——他们付给我的会少得多——其次运输也会容易些。原则上来说，我反对人们做太多不必要的苦工，我自己也不例外。

我没往坏处想。谁能想象当我被警察局传唤过去的时候，我有多么错

---

1 译注：蒙特勒（Montreux）是瑞士的一个小镇，位于日内瓦湖东岸，阿尔卑斯山山麓，是以气候舒适、风景宜人而闻名的度假胜地。

愕，他们质问我，我，一个外国人，为何要毁坏美丽的日内瓦湖？这房子太过于平淡。装饰在哪儿？我羞怯地反对说无风的时候，这湖面平滑无装饰，许多人也觉得很美。无果。我还收到了一份证书，上面规定不允许建造这种简单到丑陋的房子。我喜不自胜地回了家。

没错，喜不自胜！这世上还有任何其他建筑师能从政府那儿获得一张白纸黑字的文件，认证他是一个艺术家吗？我们都喜欢把自己想成艺术家，但其他人不一定相信我们。有些人认为这个建筑师是艺术家，有些人认为另一个才是，但是大多数情况是没有人是。现在每个人，甚至我自己，都得相信我是个艺术家。因为我被禁啦，像弗兰克·魏德金德或阿诺德·勋贝格一样被政府所禁[1]。或者说，就像是勋贝格会被禁一样，假设政府能读懂他音符背后的意思。

我意识到我是个艺术家的事实。我之前曾模糊地相信过，但现在我有一个政府颁发的证书来证明此事。并且作为一个好公民，我只相信盖有公章的东西。但这种认识代价高昂。某人，甚至可能是我自己，把这事泄露出去的话，经过大家的口口相传，没人会再想和这个危险的人——艺术家总是危险的人——产生关系。倒不是说我没有工作。如果有人只有一千克朗但希望他的室内看起来像花了五千克朗的效果，他会来找我。我成了这个方面的专家。但如果有人想花五千克朗买一个看起来价值像是一千克朗

---

1 译注：弗兰克·魏德金德（Frank Wedekind，1864—1918），德国剧作家。他的作品通常强烈批判资产阶级价值观，并对此后的讽刺剧产生了深远影响。他 1898 年因辱骂王权而入狱。阿诺德·勋贝格（Arnold Schönberg，1874—1951），奥地利作曲家和音乐理论家。

的床头柜，找其他建筑师。因为前种情况远多于后种，所以我的工作量足以让我忙碌，我没有什么可抱怨的。

然后有一天，一个烦恼的人造访，想请我设计一栋房子的平面。他是我的裁缝[1]。这位好心人——事实上是两位——年年为我提供套装，并且很耐心地在每年 1 月 1 日把账单寄给我。这账单上的金额，我得承认，是年年攀升。他们委托我做这项有名望的设计是为了多少冲抵我的账单，我至今无法解除这个怀疑，尽管这两位委托人严正声明不是。建筑师会获得一笔荣誉的礼金，这就是建筑师的酬金。尽管荣誉礼金名声再好听，还是不得不从未付账单中扣除。

我向两位好心人警告过雇用我的风险。但是徒劳。他们还是决定减免我可观的账单——抱歉，是把这栋房子的设计委托给一个官方认定的艺术家。我和他们确认是否要把房子委托给我，因为他们，作为迄今可敬的市民，没必要惹警察。他们确定。

所有事都像我所预料的那样发生。幸运的是在最后一刻，建设部门的领导戈埃尔（Greil）出面并阻止了想把"坏人"抓进拘留所的法警。谢天谢地，权威之上，还有更高的权威。

这栋房子很快就要建成。它和我那些套装是否相配，我还不知道。

---

1 译注：卢斯楼由维也纳当时的高级定制男装店古德曼萨拉齐（Goldman & Salatsch）委托设计。文中提到的"裁缝"其实就是这家店当时的总经理之一——利奥波德·古德曼（Leopold Goldmann），他在 1909 年将设计委托给卢斯。

我只知道我的顾客没有再造新楼的打算。我得找一个新裁缝。而且如果他像我现在的服装供应商一样是宽容无畏的建筑主顾，十年后我将建起第二栋房子。

一封信

每一句以牺牲旧城的代价来挽救我们逝去的城市面貌的话，都在我心中激起比别人更大的反响。因此，当人们批评我应当为破坏旧城风景而感到羞愧的时候，这样的指责对我的强烈打击会超出许多人的想象。我已经将房子设计得尽可能地融合到这广场的环境中。教堂的风格和我新建的房子相对应，为我指引了设计的方向。我所设计的窗户形式不是为了避光或挡风，而是为了引入更多的阳光和促进空气流通——正如我们时代所要求的这样。这些窗户不是开两扇的，而是开三扇，而且从窗沿一直延续到天花板。我选择了真正的大理石，因为仿制品令我厌恶。而且我尽可能地简化抹灰处理，因为维也纳人民也是用这样简单的方式建造他们的房屋的。只有封建领主的宫殿才会有醒目的建筑元素，但那些也不是水泥浇筑成的，而是从石材中雕刻而成的，如今这些也在涂漆下昏昏入睡。[金斯基宫（Palais Kinsky）和洛布科维茨宫（Palais Lobkowitz）上的石雕被唤起了新的生命力。] 我希望把商业建筑和住宅建筑严格地区分开来。我一直以来都认为自己是在以过去维也纳大师的方式解决建筑问题。一个对我持有敌意的现代艺术家的言论也强化了我的这种感觉，他说：这人想成为一个现代建筑师，却把房子建得像座维也纳的老房子。

维也纳的建筑问题

一座城市的建筑特征有它的特别之处。每座城市各不相同。在一座城市里看来美丽迷人的东西可能在另一座城市显得丑陋可厌。但泽[1]的砖楼运到维也纳来便会丧失它的动人之处。不要说这是习惯的力量。但泽之所以是砖之城,而维也纳之所以是石灰之城,有着明确的原因。

我不打算在此论述这些原因,因为这会需要一本书的篇幅。不仅仅是建筑材料,建筑形式肯定会和当地环境、土壤和氛围相关。但泽有高耸而陡峭的屋顶。但泽的建造艺术家们挖空心思处理屋顶的问题。维也纳不一样。维也纳也有屋顶。如果你在仲夏夜走在空无一人的大街上,明亮月光下的景观会让你以为自己漫步在另一座城市。不用小心避别的行人、马车或汽车,我们会惊奇地发现平日里难以察觉的丰富细节。这时我们看到了维也纳的屋顶,第一次真正地看到它们,而且惊讶于白天我们竟然将其忽略。

维也纳的建筑师们将屋顶的工作全然留给了木匠们。他们的设计只做到建筑檐口处就收手。宫殿建筑在檐口处还会有矮墙,上面装饰有花瓶或小雕塑,但普通人的房子通常省略了这些。

从维也纳中心走五分钟,穿过护城坡,也就是现在的环城大道,就有"屋顶"了。在维也纳市区的房子上不设计屋顶的建筑师,在设计郊区的房子的屋顶或者宫殿的穹顶的时候,倒是费尽心思,匠心独运。我讲这些只是为了证明,过去维也纳的建筑师们会考虑到一个地方的建筑特色,并且尽量不要破坏它。

---

1 原注:但泽(Danzig),又称格但斯克,如今是波兰重要的海港城市。

　　我指责现在建筑师有意识地忽略了地方的特色。环城大道上的建筑和这座城市还算相配。但如果环城路是由今天的人修建，我们就没有环城大道了，有的只是一场建筑灾难。

　　维也纳风的特色在于利落的檐口，此上没有屋顶、穹顶、凸窗或其他添加的东西。房屋规范允许檐口造到地平面以上二十五米之高。但是，业主感觉屋顶空间可以用作画室或其他可以出租的房间，因为土地很贵，税收很高。出于这个经济的原因，维也纳老建筑的风范遗失了。我有一个办法能够挽回维也纳建筑的特色。当然不是根据对业主和开发商都不公平的新法规，也不是按照老原则，而是：任何业主，只要保证在檐口线以上没有任何加建，允许建到六层楼。磊落的高层总好过可称为按照"地主风"建造的屋顶怪兽。这样我们的城市会再次拥有美丽非凡的线条和宏伟的比例。几世纪以来，我们呼吸着来自意大利的风，它越过阿尔卑斯山带来意式的宏大和纪念性，渗入我们的神经。但泽人一定为此十分羡慕我们。

　　还有关于抹灰。在我们这样的物质年代，人们刚开始看不起石膏，并以此为耻。因此，我们维也纳优良的抹灰传统被出卖滥用，它们不能再表现自己而得模仿石材。但是物质本身并没有贵贱之分。空气在这儿很平常，在月球上却很稀缺。对于上帝和艺术家来说，所有的材料都平等且同样宝贵，并且我认为，人们应该用上帝或艺术家的眼光看待世界。

　　抹灰只是一层皮肤，石头是结构元素。尽管它们有相似的化学构成，但从艺术创作的角度来说它们大相径庭。与它的表兄弟石灰石相比，抹灰更像皮革、墙纸和漆面。但当抹灰坦然地覆在裸露的砖墙上时，它不用为自己简单的起源而感到羞耻，就如同蒂罗尔州人来到皇宫无须为他穿着的皮裤感到惶然。但是如果两者都被要求穿上燕尾服，戴上白色领结，这个人会感到不自在，而石膏也会立刻觉察出自己是个骗子。

皇宫！它的附近可以成为辨明真假的试金石。现在在临近皇宫的地方要建一栋新楼，现代的商业建筑[1]。这栋房子的难点在于要承担从皇宫到封建巨头的府邸，再到维也纳最优雅的购物街——科尔市场的过渡作用。当初指派的建筑场地被扩大了。这对广场不太好。为了改善这一点，我设计了一条巨大的云母大理石的柱廊，它使得首层和夹层立面后退了三米半。这应当是一栋平民的房子，这意味着建筑设计止于檐口处，铜制屋顶将很快变成黑色，只有在仲夏夜游荡在外的夜猫子们会留意到它。并且夹层以上的四层楼将被覆上抹灰。所有必要的装饰都是诚实地以手工制作，就如同过去巴洛克的工匠们所做的那样。在那些幸福的时光里，还没建筑规范，因为每个人心中自有一套共识的法则。

在对外营业的首层和中间层，现代的商业生活需要一套现代的解决方案。诚然，过去大师没有留给我们任何现代商业可参考的模式，也没有可以参照的电灯照明。但如果他们从坟墓中复活，很快就能为我们找到解决的办法。他们不会采用所谓的现代主义，也不会像那些复古风的设计者那样，在老式烛台里插进带有灯泡的陶瓷蜡烛。他们会采取全新的现代的办法，这个办法会和这对立的两派截然不同。

我想方设法，尽力使这栋楼和皇宫、广场以及城市协调一致。如果这努力能成功，人们应当感谢严格的法规和细腻的艺术手法造就出一个真正自在开明的设计。

---

1 原注：这里卢斯所指的就是他设计的建在圣米歇尔广场的卢斯楼，见图14。

音效的秘密
（1912）

有人问我是否应该保留博森多夫音乐厅（Bösendorfer Saal）。我猜想这个问题的出发点在于对过去的敬意，即我们不应拆毁在维也纳音乐史上扮演过重要角色的音乐厅。

但这个问题无关敬意，而是声效的问题。我想要说的就是后者。幸好有人问我，不然我将把答案带进坟墓。

建筑师们钻研音效的问题已有好几世纪了。他们试着在制图板上找到答案。他们画连接声源和天花板的直线，并假定声音会以相同的角度反射，就像是台球撞到桌壁而改变方向。但是所有这些图解都是胡闹。

一座厅堂的传声并不依赖于空间设计，而在于它的材料。柔软的材料、帘布或墙面覆盖物能够改善音效不良的音乐厅。甚至拉一条贯穿音乐厅的线都能完全改变该空间的声效。

但这只是些权宜之计。柔软的材料能够吸收声音，并削弱其丰富的表现力。希腊人深谙此道。他们在剧场的观众席中等距地安装音腔。音腔包含了一个巨大金属盆，上面再附上一层鼓皮。他们尽力加强声音效果而不是减损它。博森多夫音乐厅具有最震撼的音效，但它没有任何帘布，只有平直裸露的墙面。

　　我们或许可以用旧厅的尺寸建造一座新的音乐厅，以满足那些支持过去音效理论的人，再用相同的材料满足我的诉求。结果是：一个音效糟糕的音乐厅。

　　有过类似的尝试。在曼彻斯特，人们仿照享誉全球、音效最好的不来梅音乐厅建了一个一模一样的厅，但效果很差。迄今为止，每一个新建的音乐厅的声响效果都很差。你们当中有些人或许会想起维也纳歌剧院开幕那天的例子[1]。人们抱怨着，这房子音效之差将终结维也纳歌唱艺术。而今天，维也纳歌剧院被看作剧院音效的范本。

　　是我们的耳朵变了吗？不，是建成歌剧院大厅的材料变了。四十年来这些材料吸收了优美的音乐并渗满了我们的交响乐和歌唱家的声音。这导致了材料分子的神奇变化。至今为止，我们只在木制小提琴的材料上观察到过这种变化。

　　这是否意味着我们必须播放音乐才能获得良好的空间音效？不，这还不够。你得播放优美的音乐。你可以愚弄人的感官，但你愚弄不了材料的灵魂。一个只演奏铜管乐器的音乐厅永远只会有不良的音效。而且材料的灵魂如此敏感，你只需要让军乐队在博森多夫音乐厅连续轰鸣八天，它闻名于世的音效就会跌入谷底，正如同一个笨手笨脚的乐手会毁掉帕格尼尼的小提琴。总的来说，房屋材料不太能承受铜管乐器演奏出

---

1 原注：维也纳歌剧院坐落在环城路上，也是环城路建设的第一座大型公共建筑。它开幕于 1869 年 5 月 25 日。卢斯这篇文章写于 1913 年，到此时歌剧院已经投入使用了四十多年。

的音乐。这也是为什么歌剧院总有一边的音效要差一些。随着时间推移，从未演奏过铜管乐器的音乐厅会发展出最好的音效。李斯特和梅沙尔特[1]的音调存活在博森多夫音乐厅的砂浆中，与新的钢琴家和歌唱家的每一个音符发生共振。

这便是音乐厅音效的奥秘。

---

1 译注：约翰·梅沙尔特（Johan Messchaert，1857—1922）是荷兰著名男中音歌唱家。

贝多芬生病的双耳
（1912）

在 18 世纪末 19 世纪初，一个叫贝多芬的人生活在维也纳。普通人嘲笑他，因为他有些怪癖，身材矮小，想法奇怪。人们排斥他作的曲。"多可怜"，他们说，"他的耳朵有些问题。他创造出可怕的不和谐的音调，但他坚持这些都是非凡的和声。因为我们的耳朵显然是没有问题的，那一定是他的耳朵出了错。可怜！"

一位王公贵族，通过世界交付他的权力认识到自己对世界负有的相应责任，向贝多芬提供了演奏其作品所需要的资金。他甚至运用自己的力量让贝多芬的歌剧作品在皇家歌剧院演出。但坐满了观众席的普通人给予了这部作品如此差评，使得它无法再次上演。

此后过去了一百年，人们被这位疯狂而又病态的音乐家深深打动。是他们高贵了吗，像 1819 年的贵族那样，开始敬畏地赞叹这位天才的意志了吗？不，如今他们的耳朵都出了错，他们都拥有了贝多芬的病耳。一个世纪以来，神圣的路德维希[1]不协调的音调摧残他们的耳朵，他们终于被逼投了降。他们所有的耳朵结构部件，所有的听小骨、耳蜗、鼓膜、耳管，都长成了贝多芬耳朵病态的样子。被街头顽童嘲笑的那张奇特的脸，如今却成为人们心中代表世界精神的面貌。

是精神塑造了身体。

---

1 译注：贝多芬全名为路德维希·凡·贝多芬（Ludwig van Beethoven, 1770—1827）。

卡尔·克劳斯 [1]
（1913）

　　他站在时代的风口浪尖，并为远离神性和自然的人类指明了道路。头顶星辰，脚踩大地，他迈步向前，心中满是悲悯人类的创痛。呼喊着，他畏惧世界末日。但我知道他尚未放弃希望，因为他没有沉默。他将继续呼喊，他的声音将穿透未来的世纪直到被聆听。人类将要为了他们的生命感谢卡尔·克劳斯。

---

1 原注：卡尔·克劳斯（Karl Kraus，1874—1936）是奥地利作家，擅长的写作种类包括讽刺文、散文、戏剧和诗歌。他也是卢斯的好友。

山区的建造规则
（1913）

不要建得诗情画意。这些都是墙体、群山和太阳所达成的效果。穿得像画中人的人没有画意，而像小丑。乡村民众穿得不如画，但他们本身形成了一道风景。

尽你所能地建造。不要勉强。无须拔高自己。也不用放低姿态。不要刻意屈尊到和你出身或所受教育不匹配的层次。就算你进到山区，用你的惯用语言和山里人交谈。用装腔作势的方言和农夫交谈的维也纳律师真该灭绝。

留心山民的建造方式。这些都包含了先辈们传递下来的智慧精华。追寻这些形式背后的原因。如果技术进步能够改善这些形式，那么就采取这些改善措施。连枷（脱粒用的工具）将被脱粒机器所取代。

平原要求房屋在垂直方向上的表达，山区需要的是水平方向上的表达。人类的建造不应与神祇作竞争。哈布斯堡瞭望台破坏了维也纳树林带，而轻骑兵神庙则和谐地融入了周围景色[1]。

---

1 原注：哈布斯堡瞭望台（Habsburgwarte）坐落于维也纳的赫尔曼斯可格尔山
  （Hermannskogel）。它于 19 世纪末由建筑师弗兰兹•康•诺伊曼（Franz con Neumann）
  参照中世纪塔楼形式设计建成。轻骑兵神庙（Husarentrmpel）位于下奥地利州默德林
  （Mödling）城郊小安宁格山（Kleiner Anninger）上，是一座建于 19 世纪初的新古典主义
  的小神庙。现存建筑由建筑师约瑟夫•孔豪瑟（Joseph Kornhäusel）设计，用以纪念阿斯佩恩 -
  艾斯林战役（Schlacht bei Aspern）中的牺牲者。

不要考虑屋顶，而要考虑雨雪的情况。这是山民考虑的方式，因此在技术能力允许的情况下，他们把屋顶坡度建造得尽可能平缓。在山区里，屋顶上的雪并不应该随时滑下来，而是应该按住户的意愿滑下来。因此，山民们必须能够安稳地爬到屋顶上除雪而无性命之虞。因此，我们也要在我们技术经验允许的条件下把屋顶造得尽可能平缓。

要实事求是。自然总是站在真实的那一边。她和桁架铁桥相处得不错，但她排斥带角楼和炮眼的哥特拱。

不要害怕被批评为老派。如果要改变旧的建筑方式，只有当这些改变是改进的时候才被容许。不然就遵循事物旧的方式行事。我们对于百年的真理会比近在眼前的谎言有更强的内在认同感。

家乡艺术

（1913）

　　建筑师们在复制旧有风格时遭受了惨败，他们徒然地尝试寻找我们时代的风格，又遭受了惨败。之后他们把"家乡艺术"的口号看作最后一根救命稻草。我希望现在可以消停了。我希望恶人的军火库消耗殆尽。我希望人们想起了他们自己。

　　"家乡"这个词听起来很美好。关注家乡的建造方式是一种正当的要求。不应该有异物侵入城市景观，不应该有印度佛塔在我们的土地上蔓延传播。那么这些家乡艺术家要怎样解决这个问题呢？首先他们要把所有的技术进步都排除在建造物之外。他们不允许使用新的发明和新的经验，所谓的理由是它们不符合家乡的建造方式。所幸石器时代的人们并没有提出这个要求，不然我们就没有现在的家乡建造法，而这些家乡艺术家也就没有存在价值了。家乡艺术家们否定了木构水泥屋顶，这是划时代的成就，如果它在 17 世纪出现，会被当时的建造艺术家们热烈欢迎。最终所有别的建筑师们也不知道如何运用这种构造了。三百年前，当意大利的建造方式越过阿尔卑斯山脉传播过来的时候，木瓦屋顶对创造力的压制使得维也纳的建造者们叹息连连。为了抵御北国的雨雪，人们尝试把瓦片砌进泥灰里，在山墙面上方加了假墙和假窗。人们追求平屋顶长达几个世纪之久。

然而，来自西里西亚省希尔施贝格 [1] 的单纯商人在汉堡大火灾之后终于解决了难题，研究出了防水防火且造价经济的平屋顶后，几个世纪以来的渴望却消失了，这个伟大的时刻只得到了很轻微的响应。此前人们无法使用平屋顶。这算不得不幸。然而，人类文化的不幸在于，德国的立法者迫于家乡艺术家们的压力，官方禁止了平屋顶的使用。这是出于美学原因。因为在乡下，人们用瓦和石板盖屋顶。

在维也纳，并没有警察局的引导，建筑师们自发地星星点点地破坏着这座城市。所有的伟大因此从这座城市消失了。当我站在剧院前，往施瓦岑贝格广场 [2] 望去时，往往心潮澎湃：维也纳，维也纳，这座百万人之城！维也纳，这个伟大帝国的都城！但当我看见施图本环路边的集合住宅的时候，我只有一个感受：这不过是摩拉维亚境内奥斯特劳小城 [3] 的五层楼高的翻版。

基于此，我发起对家乡艺术家们的第一项指控。他们试图把大城市压缩成小城市，把小城市压缩成乡村。但我们的追求恰恰相反。就像理发学徒在挑选衣服的时候渴望着像伯爵一样体面，而没有哪个伯爵在挑选衣服的时候想要被当作理发学徒。这个简单的原则，这种对文雅以至于完美的

---

1 译注：西里西亚省（Schlesien）的希尔施贝格（Hirschberg），今为耶莱尼亚古拉（Jelenia Góra），波兰境内的城镇。

2 译注：施瓦岑贝格广场（Schwarzenbergplatz），维也纳内城知名的广场之一。

3 译注：奥斯特劳（Ostrau），今为捷克境内的俄斯特拉发（Ostrava），摩拉维亚-西里西亚州首府，是捷克第三大城市。

追求自古以来使人类获得满足，造就了我们今天的文化水准。但家乡艺术家们反其道而行之。他们在今天的都城使用着与奥斯特劳小城同样的细节，同样的屋顶样式、飘窗、塔楼和山墙。这些在造三层高的楼房的时候就已经有了。

以前的环城大道算不得建筑学意义上的壮举。墙体石块是用水泥浇筑并用钉子固定。新的维也纳的楼房也犯了这个错误。而 19 世纪 70 年代的楼房则借鉴了意大利贵族宅邸的样式，就像是 17 世纪的建造者完成的一样。我们由此得到一种维也纳的风格，一种都城的风格。无论圣米歇尔广场边的那幢大楼[1] 是好是坏，即便讨厌它的人也必须承认：它不是乡下的，它是一幢只能存在于百万人之城的大楼。无论对错，我的国家！无论好坏，我的城市！

当然了，我们的建筑师并不追求维也纳的建造风格。他们追随着德国建筑杂志，这带来了可怕的后果。

近年来内城里出现了一些房子，像是刚从马格德堡（Magdeburg）或鲁尔河畔的埃森（Essen an der Ruhr）进口到维也纳的一样。马格德堡人是否喜欢这样的房子，跟我们并没有关系。但我们在维也纳还是有权利抗议的。

---

1 译注：即指卢斯楼。它是维也纳现代主义的核心建筑之一，标志着对于历史主义与分离派装饰的同时摆脱。1947 年，卢斯楼被列入历史保护名单。因其前卫的简洁外观，它在刚刚建成的时候并不被大众接受，遭受了大量批评。

这些房子都有一个共同点。它们有竖向的分割。德国人都被韦特海姆商场[1]的范例迷住了。在柏林这座拥有极长街道的城市，这样的一座建造物可能完全合适。竖向的分割切断了长长的沿街面，给眼睛所需要的停留点。但是在维也纳——我只谈论内城——这座街道短小的城市里，眼睛需要一种横向的立面分割。罗伯特·奥利正确地指出，格拉本大街不可挽回地被哈布斯堡巷角的那座新房子毁了[2]。在格拉本大街上树立着三位一体纪念柱（图 17）。显而易见，这样一根纪念柱需要一个水平向的背景，但是人们却造了这样一幢房子，以至于当人们从斯蒂芬广场过来的时候，这根黑死病纪念柱被赋予了所能想到的最差劲的背景。如果人们从科尔市场过来，又能在以前的塔特纳庭院的位置看到一个德国的舶来品。

我是支持传统的建造方式的。储蓄银行大楼（图 18）可以作为格拉本大街旁的楼房的模本。在这幢大楼之后传统被遗弃了。我们必须在此接续。传统有没有变化呢？当然了！这与新的文化所创造的变化是一样的。没有人可以复制一件作品。每一天人们都在创造新的东西，而现在的人无法制造以前的人所创造的东西。他以为是在做一样的东西，其实是新的。一种难以察觉的新，但是在一个世纪以后是可以看得出区别的。

1 译注：韦特海姆商场（Kaufhaus Wertheim），指韦特海姆集团在柏林的莱比锡大街（Leipziger Straße）上于 1896—1906 年建造的商场，被评为德国最美商场，由阿尔弗雷德·梅塞尔（Alfred Messel）设计，深受现代主义建筑师们的推崇。
2 原注：参见奥地利建筑师年鉴（*Jahrbuch der Gesellschaft Österreichischer Architekten*），1910，第 121 页。

图 17　三位一体纪念柱
©Jebulon

图 18 储蓄银行大楼
©Thomas Ledl

是否存在意识的变化呢?

也有的。我的学生们懂得:对于沿袭而来的东西,变化只有表现出一种改良的时候才被允许。而这些新的创造在传统的建造方式上撕开了一些大的口子。新的创造,像是电力照明和木构水泥屋顶,并不属于一个特定的地域,而是属于整个世界。

那些新的思想也同样属于世界上所有的公民。家乡艺术的谎言对于文艺复兴时期的建造者们来说是难以理解的。他们全都用罗马风格建造。无论在西班牙还是在德国,无论在英格兰还是在俄罗斯。由此塑造出了他们各自家乡的风格,而现在的人们不允许这些风格有任何发展。

是的，一种真正的家乡艺术并不会因为有外国人在此从事建造就被毁坏。人们可以确凿地把华伦斯坦宫花园里的礼堂和布拉格的贝尔维德宫归入德国文艺复兴风格，而城堡剧院背后的列支敦士登城市宫殿是维也纳巴洛克风格极具纪念性的范例之一，尽管这些建筑都是由意大利的建筑匠师和工匠完成的。在此有一些尚未被心理学家们注意和解释的神秘机制发生了。显而易见的是那些异国的建筑师在任何一座城市里也只追随自己的智识，剩下的则可以完全交给他所呼吸的那座城市的气息。

现在大城市的建筑匠师被请到这里要怎么建造呢？家乡艺术家们说：像一个农民一样！

我们来观察一下农民是怎么工作的。他们会在将要建起房屋的地方把土地刨开，挖出地基。砌墙工一块砖一块砖地砌起来。与此同时，木工在一旁搭起工坊，开始制造屋顶。漂亮的屋顶还是丑陋的屋顶？他不知道。只是屋顶而已。然后细木工来测量门窗的尺寸，别的手工艺人也各自测量他们所需的尺寸，回他们的作坊加工。当所有的东西都就位之后，农民拿上一把刷子，把房子刷成漂亮的白色。

而建筑师并不能这样工作。他依照一个固定的平面图建造。当他试图复制农民的天真率性时，便是对那些有教养的人的折磨，就像伊舍地区[1]

---

1 译注：伊舍（Ischl）是奥地利的一座温泉小镇，位于上奥地利州南部的萨尔茨卡默古特地区中心，特劳恩河河畔。

田园风情的紧腰宽裙或操着上奥地利州地区方言的股票经纪人一样。

这种所谓的天真率性，这种刻意返回到另一种文化水平的行为，是有损尊严的和可笑的。以往的匠师不会理解，他们从来不会做有损尊严和可笑的事情。看看以前那些城市建筑匠师在乡下建造的庄园别墅和教堂。匠师们始终使用与城市中同样的风格。想想巴登州的魏尔堡（Weilburg），想想 19 世纪初期下奥地利州的那些教堂，它们多么优雅地融入了风景，而最近四十年建筑师们幼稚地尝试用斜屋顶、飘窗和别的乡土小曲般的元素来面对大自然，则可耻地失败了。轻骑兵神庙（图 19）带有维也纳森林的性格，而所有城堡遗迹风格的瞭望塔则亵渎着山峦。因为轻骑兵神庙是真实的，而城堡遗迹风格则在欺瞒。大自然只能与真实共存。

家乡艺术家们没有把我们文化与精神生活的最新成就以及新的创造和经验带到乡村里，而尝试着将乡土的建造方式引入城市中。农舍在他们看来充满异域风情，他们称之为如画。农民的衣着、家私和房子只有我们看来是如画的。农民自己并不觉得自己或自己的房子如画。他们也从未试图如画地建造。但城市建筑师们现在只想着这么做。不规则的窗洞、粗糙的表面、有缺口的墙、老式的屋瓦，这些在他们看来是如画的。在家乡艺术家的要求下所有这些都在城市中被仿制了。我们可以造五层楼，但我们假装房子没有那么高，像乡下一样，只造四层。那么第五层呢？它藏在屋顶里，被屋瓦覆盖，而那些屋瓦尽可能假装成已有百年的使用历史。如果是一个地道的家乡艺术家，一定会搞来合适的绿苔藓。也不能忘记种些长生草。而我已经能预见我们将会建造带有木瓦和稻草屋顶的商场、出租住宅、

图 19 轻骑兵神庙
©Michael Kranewitter

剧院和音乐厅。反正极尽乡土之能事。

　　如今在我们城市和城郊，家乡的建造艺术所能代表的风格是可怕的。
我们遗忘了祖辈在席津和德布灵[1]所运用的典雅风格，却在大地上散布一
种由洛可可的繁复装饰、阳台、哗众取宠的角部处理、飘窗、山墙、塔
楼、屋顶和风向标构成的混杂物。有些人追捧美国的出版物，因此以石块

1 译注：席津（Hietzing）是维也纳的第十三区，位于该市的最西部。德布灵（Döbling）
是奥地利维也纳的第十九区，位于该市的最北部。

建造。石块当然不是来自洛基山脉，而是由某某石匠细心打凿，使之看上去像来自荒野一般。另一些人倾心于工作室风格，建造了所谓鸟屋一般的房子，一种简单清晰的房子，人们从远处看见它就能猜想到其平面拥有隐蔽至极的小房间。大家最喜欢用稻草覆盖屋顶，这是"最最家乡的"。Le dernier cri！[1]

过不了多久，旧席津时代的最后几幢房子之一就要被拆除。它紧邻美泉宫公园酒店，拆除后的土地将要被用于该酒店的扩建。在这幢房子里有着何等的文化，何等的优雅啊！多么维也纳，多么奥地利，多么人性！也因此多么席津！有关部门不太乐见人们坚持传统。众所周知，这类房子没有气派的立面，而人们嫌弃这一点。人们想要向别的暴发户看齐，每个人都想胜过别人的风头。

就在今年夏天，席津的一幢单户住宅的建造申请被建造委员会驳回了，文书中有如下陈述："立面缺乏此地区惯有的设计美感，即通过配置屋顶、塔楼、山墙和飘窗达到一种如画的品质。因此缺陷，施工许可不予批准。"

身处高位的人当然有不同的考量，但建筑师们在破坏维也纳城郊这件事上无法把责任推给建造局。

我指的是那种新的、用柏林城郊格鲁内瓦尔德（Berlin-Grunewald）或慕尼黑城郊达豪（München-Dachau）的风格建造的风潮，或者说慕尼黑崇拜。维也纳是不同的。我们隔着阿尔卑斯山受了那么多意大利的影响，

---

1 译注：法语，即"最新潮流"。

本应像父辈那样用一种独立的风格建造。房子应当对外沉默朴素，在内显现其丰饶。这不只是意大利（除了威尼斯之外）房子的品质，也是所有德国房子的品质。只有那些建筑师们梦寐以求的法国房屋才会乐此不疲地突显其平面布置。

在奥地利，屋顶理应是平的。阿尔卑斯地区的人们因为抵御风雪有着最平缓的屋顶坡度，于是我们的家乡艺术家们"理所应当地"造起最陡的屋顶，在每一次雪过之后都对居民造成隐患。平屋顶可以美化我们的群山国度，陡屋顶则有损于它。关于内在的真实如何产生美学上的合宜，这是一个绝妙的例证。

关于材质，还有一些可以补充。一些非常权威的人责备我，我虽然一边强调我那幢圣米歇尔广场边的大楼的本地性格，但还要从希腊引进大理石。听着，维也纳料理即便用了远东的香料也还是维也纳的，而一幢维也纳的房子即便用了美国的屋面铜板，也可以是真实的，或者说是维也纳的。不过这样的指责没有那么容易平息。在维也纳，用砖块完成一幢楼的外表是不正确的。但这并不是因为我们没有砖（我们是有的），而是因为我们有更好的材质，即抹石灰。在但泽我就能用抹灰技法，那么在维也纳我就不能让砖墙裸露在外。材料可以从各地引进，而技法要优胜劣汰。

人们最终会舍弃像"家乡艺术"那样的虚假口号，而像我一直提倡的一样回归唯一的真实，即传统。人们会习惯像父辈那样建造，而不惧怕成为"不现代的"。我们领先于农民。农民不只应当使用我们的打谷机，还应当分享我们在建造领域的知识和经验。我们应该是他们的领导者而不是模仿者。

一种虚假的矫揉造作，在农民剧里得到了充分体现。他们使用像洛克斯糖果[1]一样鲜艳的农民布料，用一种伪造的天真刻意地支支吾吾而不自由表达，做出儿童一般的伪装姿态。这归因于领导我们的工艺美术学校的人，他们这些所谓的权威，存在于纸糊的岩石和帆布条制作的草之间。这种以家乡艺术之名的幼稚儿语应当停止了。

我们要尽全力工作，而不必花费任何时间去思考形式。最好的形式往往已经存在，即便它来源于别处，也没有人应当害怕去使用。原创性是绰绰有余的！让我们不断地重复我们自己吧！让我们造出彼此相似的房子！虽然不能因此进入"德国艺术装饰"的潮流，也不能成为工艺美术学校的教授，但可以由此最好地服务于时代、民族和人类。同时也最好地服务于我们的家乡！

---

1 译注：洛克斯糖果（Rocks-Drops-Bonbons），一种当时常见的水果硬糖，色彩鲜艳，带有装饰图案。

住　手!
（1917）

　　相信我，我也年轻过。像德意志制造联盟的成员、奥地利制造联盟的成员之类一样年轻。当我还是个男孩的时候，也喜爱我们的家具上那些美丽的装饰，我也曾经陶醉于"工艺美术"这个词——当时还是这么叫的，后来我们称之为"应用艺术"，今天又改为"手工艺术"了。那时我从头到脚地打量自己，当发觉我的外套、背心、裤子、鞋子上根本看不见艺术、工艺美术、应用艺术或者说所有类型的艺术的痕迹的时候，我也感到深深的悲哀。

　　但我成长为青年的时候，发现以前的外套与橱柜是风格一致的。那时候两者都带有装饰，两者展现出同样的艺术操作。于是我只能思考：如今无装饰的外套和如今始终带着原来的文艺复兴、洛可可或帝国风格的装饰的橱柜，到底哪一方是正确的呢？当时我和其他人一致同意，不管是外套还是橱柜都应当符合我们的时代。但我告别了我年少时的梦，而其他人则紧握不放。自此之后我们产生了分歧。我选择了外套。我说它是正确的。我觉得以我们时代的精神制造出来的是它而不是那些橱柜。它没有装饰。那么好了，虽然困难，但我对此已经过深思熟虑——我们的时代也没有装饰。什么，没有装饰？那么像《青年》《德国艺术与装饰》《装饰艺术》等杂志里的装饰为什么那么百花齐放呢？于是我又一遍一遍地思考，十分痛苦地发现，相较于陈旧风格的虚假模仿，那些新创造出来的装饰与我们时代的关系更加薄弱。我感到它们不过是一些不幸与时代失去了关联的个人的病态呓语，简而言之就是我感受到了我在《装饰与罪恶》的演讲中所阐释的东西。

再说一遍：我所穿着的外套的确是以我们时代的精神制造出来的，我对此至死都深信不疑，哪怕我是唯一如此相信的人。我也发现了许多展示这种时代精神的其他物品，有鞋子与靴子、箱子与马具、烟盒与钟表、车辆与名片。与此同时，我们的工艺美术作品却展现出一种完全不同的精神。我尝试找出这种泾渭分明的差异的原因。很容易就找到了。所有对我来说不符合时代的作品都是手工艺者依靠艺术家们和建筑师们的指导制造出来的，而所有符合时代的作品都是没有被建筑师影响的手工艺者制造出来的。

对我来说确凿无疑的是：如果你们想要符合时代的手工艺，如果你们想要符合时代的日常物件，那么就去毒死建筑师们吧。

二十年前我谨慎地没有说出这个建议。当时的我懦弱，害怕承担后果。于是我选择了另一条路。我对自己说：我要教木工这样去工作，就好像没有建筑师闯入过他的工坊一样。

说起来容易，做起来难。在人们一整个世纪穿着这种像在化装舞会上一样的希腊、勃艮第、埃及或洛可可式样的外套之后，似乎需要一个人来创造出我们的现代男装。但当我观察裁缝店的时候，我可以说：几个世纪以来并没有产生那样巨大的转变。在几个世纪以前，人们穿着镶有金色纽扣的蓝色外套，如今穿着镶有黑色纽扣的黑色外套。那时的裁缝店难道会跟现在有什么本质的不同吗？

我心想：也许这些该死的建筑师在木工那里也漏掉了一些东西，这些东西我们今天可以去继承它，也许在木工作坊里尚有一些东西逃脱了建筑师们卑劣的手，独自安静地发展了下来？我日思夜想，茶饭不安。于是我的目光落在了老式的马桶水箱上，包覆它的木板构成了老式马桶的后墙。这就是我要寻找的！

多幸运啊！还有我们为了清洁而使用的浴缸和洗脸盆等，简而言之卫生用品，躲过了那些"艺术家"。的确会有人在床底下收藏一些由艺术家用洛可可风格的装饰美化过的餐具，但它们是罕见的。一样罕见的是那个独特的木工作品，因为不够优雅而逃脱了"应用艺术"的影响。

那么这个木板上有什么重要的东西呢？

我想先就木工技术的话题讲几句。木工可以用不同的方式把几块木头拼接成一个面。其中一种是边框和填充面的系统。在边框和填充面之间会置入一根木条作为过渡，或者因为填充面往往凹进，边框以一个型材、一个槽口收边。填充面固定在边框后边半厘米的地方。这样就完成了。一百年以前也是完全一样的做法。于是我确信，这个形式完全没有变过，而维也纳分离派和比利时现代主义带给我们的所有尝试都使人困惑。

过去几个世纪里，那些充满幻想的形式和过往时代那些繁盛的装饰应当被替代以纯粹的构造。直线，直角，那些只在乎用途、只支配着材料和工具的手工艺人是以这样的形式工作的。

一位同事（他如今是一位代表性的维也纳建筑师）有一次对我说："您的想法或许对廉价的项目是合适的。但如果您手握百万预算，会怎么做呢？"他这么说在他自己的立场上是成立的。在人们看来，只有那些幻想的形式和那些装饰是贵重的。人们也不知道真正的品质差别。这在那些幸免于建筑师们干扰的手工艺人那里仍然存在。一双鞋在一个鞋匠那里需要十克朗，在另一个鞋匠那里却需要五十克朗，即便它们是按照鞋匠杂志上同一张"图纸"制作的，也没有人会觉得奇怪。但是可怜了那些在布告上要价比同行高出百分之五十的木工！在木工行业不区分材质和做工，要价更高而希望提供更好作品的匠人往往被当作骗子。

于是这个好匠人放弃了，并交出与别人一样差的货来。这一点我们也要感谢艺术家们。

人们觉得，高档的材质和良好的做工不仅能弥补缺失的装饰，甚至在精致性上也能远远超过。是的，这两者是排斥装饰的。如今即便是最不堪的人也会耻于用嵌片装饰名贵的木板，雕刻带有罕见花纹的大理石，或者把一张上好的银狐皮切成小方块，用来和别的毛皮一起拼成一块国际象棋棋盘。在过往的时代中，我们对于材质的重视尚不存在。当时的人们轻易地装饰，并不觉得有什么愧疚。我们把过往时期的装饰替换为了一些更好的东西。高档的材质是神的恩赐。为了一条宝贵的珍珠链子我很乐意用莱俪[1]的所有艺术品或维也纳工坊[2]的所有珠宝去换。

那些坐在图板前的艺术家，怎么会理解那些经年累月串着珍珠的珍珠商人的狂热着迷，怎么会理解那些找到了名贵木材并打算用它制作出特别作品的木工的艰辛？！

1898 年的时候，每一块木料都被涂成了红色、绿色、蓝色或紫色——建筑师提供了一个颜料盒，而当我第一次在我的咖啡博物馆中的一个现代作品上使用红木时，维也纳人才意识到，并不是只有那些幻想的形式和颜色，也存在着不同的材质和不同的做工。正因为我知道这一点并加以注意，那些我在二十年前所完成的简单家具到今天仍然有生命力，仍然被使用着（如瑞士阿劳市布克斯镇的一间餐室）。那时期分离派和青年风格的幻想作品已经消失并被遗忘了。

材质和做工经得起时尚潮流的更迭，且不会因此而贬值。

---

1 译注：莱俪（Lalique），法国奢侈品牌。1886 年由玻璃艺术家雷内·莱俪（René Lalique）创建，以青年风格和艺术装饰风格的产品闻名。

2 译注：维也纳工坊（Wiener Werkstätte）是一个生产工艺品的艺术家协会，1903 年由约瑟夫·霍夫曼、科洛曼·默泽与银行家弗里茨·瓦恩多夫共同创立。以英国的工艺美术运动为模板，致力于更新工艺美术领域中的艺术概念，与维也纳分离派及维也纳工艺美术学校合作紧密。

告别彼得·艾滕贝格 [1]
（1919）

我亲爱的彼得！

你死去了，有人请我给你写点话。人们一定期待着一些庄严宏大、铿锵有力的词句，他们也会如此评价自己的朋友，在葬礼上，在……

但我知道，我亲爱的彼得，你不希望我这么做。你自己就是一个反对一切庄严肃穆的人。你的那些书给读者留下了感伤的印象。但谁要是听过你的声音——啊，你的声音多么好听——便会觉得你的文笔是世间最自然的，毫无雕琢。

我还是得向大家介绍一下你。人们对你的了解止于你在白天睡觉，而在夜晚出入享乐场所。

换句话说，一个挥霍无度的无赖！但你并不是这样的。你再节俭不过

1　译注：彼得·艾滕贝格（Peter Altenberg，1859—1919），奥地利诗人、作家（图20）。受到当时维也纳文豪史尼兹勒（Arthur Schnitzler）、霍夫曼斯塔尔（Hugo von Hofmannsthal）及克劳斯（Karl Kraus）等人的赞赏，被称为维也纳印象派的代表、维也纳现代主义起源时期的重要人物。他是维也纳中央咖啡馆的常客。"如果我不在家，就是在咖啡馆；如果不是在咖啡馆，就是在去往咖啡馆的路上。"即他的名言。现在维也纳中央咖啡馆的入口处有他的等身雕像。他和卢斯是非常好的朋友。

图 20 德国画家古斯塔夫·雅格斯帕赫（Gustav Jagerspacher）1909 年所画的艾滕贝格肖像

了。每天早晨在你休息之前，你都会算钱。一分一厘你都算得很清楚。省
下的每一角你都会存进储蓄银行。有一次你在格蒙登[1]听说旅馆遭窃，便
把所有钱都存起来了，你给你的兄弟发了这样一封电报：

"亲爱的乔治，请给我寄一百克朗，我把所有钱都存在储蓄银行了，
现在眼睁睁地等着饿死。"

这么说来你是个守财奴！不，上帝，你也不是这样的。你总是以 P. A.[2]
之名给报纸上刊登的那些被虐待的儿童捐款。彼得·艾滕贝格——十克朗，
这样的记录经常出现在儿童救助组织的账本上。问问那些服务生和女仆，
不会有任何人比 P. A. 给的小费更多。如果想要尽快对某人倾吐心声，你
会在夜里唤来仆人，让他去邮政总局发一份十页的电报，这几乎要花光你
给他的一百克朗。内容是：我喜爱你！但是是用艾滕贝格独特的语言。

那么你还是一个败家子！不，最近这两年你几乎顿顿吃土豆过活，因
为你觉得花十克朗吃一顿肉是一种无谓的浪费。

那么你是一个节俭朴素、没有要求的人！不，这跟你一点儿都不沾边。
这世上再没有一个比你更细腻、更敏感的美食家了。在一百个苹果里面你
绝对能找出最好吃的那个，不是通过手，而是用眼睛。你的眼睛能认出最
嫩的螃蟹和里脊肉。在每种动物身上你只食用最容易消化的部分：肉柳。
你只吃鹧鸪和山鸡的胸肉，红肉则被弃置一旁。芦笋只吃最高级的粗茎芦

---

1 译注：格蒙登（Gmunden），上奥地利州的城市，为知名的疗养和避暑胜地。
2 译注：即彼得·艾滕贝格（Peter Altenberg）的姓名首字母缩写。

笋。而有一次你把服务生叫过来三次，终于接下了那盘里脊肉，但没有动它，然后找到了服务生，付了钱，选择挨饿。"彼得，你不想吃任何东西吗？""算了，我今天的预算已经用光了。"

那么你是耽于享乐的。因为你最喜欢待在演奏着吉卜赛音乐，人们喝着香槟，姑娘们跳着舞的地方。那么你是个酒鬼。不是的，没有人比你更厌恶酒精。就像孩子们憎恨苦药水一样，你惧怕床头柜上那些几升的葡萄酒和烈酒，你必须喝上好几杯才能睡得着。然而在餐桌上没有人能劝你喝下一杯利口酒。啤酒和香槟？当啤酒成为安眠药，而你一晚上得喝二十四瓶的时候，你也一定会拒绝和朋友们小酌一杯的。

那么说来你喜欢女人。但你其实只坐在角落与朋友聊天，并没有关心那些姑娘。你不喜欢华尔兹。只有当一首美国或英国的乐曲响起时，你才会屏息倾听，兴奋地跟唱。你的声音像一支双簧管发出的声音。有时你也会中意某个姑娘，却不会上去搭话。你只想远远地观赏她，她说出的每一个词只可能使你失望。

那么你讨厌女性吗？是，也不是。人们期待在你的书中读到你是最后一位行吟诗人。当他们听你聊天的时候，则是多么失望啊。因为你了解女人，你在男人的身体里拥有一个女人的灵魂。当然是一个反常的女人的灵魂，这样对于世界来说才不会显得奇怪。只有你跟孩子们的关系会让人误解。他们不懂这是一种女性的、母性的关系。

你对秩序的偏爱，对物品的洁癖是女性的。你的寓所井井有条得令人感动，我要求维也纳把它放进城市博物馆中。这个 P.A. 住过的房间还应该有容身之所。你选择的地毯还应被铺开。所有的东西都应被保存在它们原来的位置上，包括那个圣水台，那个玫瑰花圈，那个女仆带给你的花了十克娄泽[1]从玛丽亚采尔[2]求来的圣母像。

那些女仆！她们如今都在格拉本酒店里哭泣吧。还有那些家仆。P.A.是一个专制者，但还从未有一个专制的人这样被爱戴，因为你是所有专制者中最有人性的。

我有没有通过这些话让你了解了这个人呢？我并不这么觉得。但即便我做到了又怎样呢！任何呼喊都不够响亮和有力到让所有维也纳人知道，格里帕泽[3]以降，再无比他更伟大的后继者在此长眠。

---

1 译注：克娄泽（Kreuzer），奥地利旧货币，60 克娄泽 =1 古尔登银币（Gulden）。

2 译注：玛丽亚采尔（Mariazell），位于施泰尔马克州北部的城镇，其大教堂中供奉着一座罗马时代的圣母木雕像，是奥地利重要的朝圣地之一。

3 译注：格里帕泽（Grillparzer, 1791—1872），奥地利作家、剧作家，被称为奥地利国家诗人。

国家与艺术
——引自"艺术局纲领"前言[1]
（1919）

国家必须做出决定，是支持艺术家还是支持艺术。

在君主制国家，统治者是艺术的保护者。在共和制国家，则由人民扮演这个角色。

只要君主一向都是违逆着人民的意志，担惊受怕地履行他对精神的责任，服从于艺术家的意志，只要他在人民赋予的权力下，认清并实现他对世界的义务，他就还在其位。当他犯下不可饶恕的罪过，或者违背神圣精神的罪过时，就必须让位了，即便只是出于疏忽。

他的遗产将交给新的统治者，即人民。在人类面前，神圣精神会显形为伟人。它不属于任何国家，而属于所有人类。它是领导者、智者及后世的引路人。天意使它具象化，赋予它一个人形。……人类应感谢它，因为它引导人类走出古代的洞穴，住进有条理的住所，并使人类从沉闷的劳作发展为自由的思考。人类应感谢它，因为天空蔚蓝而音符可以触动人心，因为爱远远超出了繁殖冲动，因为人类可以感知头顶的苍穹和内心的道德

---

1 译注：阿诺德·勋贝格、利奥波德·里格勒（Leopold Liegler）等人参与了"艺术局纲领"的编写。相关的丰富资料有待公开。

准则。

准则。

人民现在必须负有一种巨大的责任感：怎样避免犯下违背神圣精神的罪恶？因为那是无法补偿的，如果有人损害了那种精神，或者其化身，阻碍范·贝多芬去创作第九交响曲，没有任何一种忏悔能抵消这种耻辱。随此赠送给人类的思想，也许再也无法在人们面前以这种方式呈现了。时间点也是极为重要的。当时，也只有在当时，人们需要这些音符来继续前进。

在人类面前被具象化的这种精神，教会了我们怎样去说，去听，去看。训练了我们的舌头、眼睛和耳朵的这种精神，也正构成了我们的身体。它教会我们去感受，在几千年不断的变迁中不断重塑与丰富我们的灵魂，使之有能力去感知在我们之中，在我们之旁，以及在我们之上的东西。

人类对神圣精神——所谓的 sanctus spiritus，即具有创造性的精神，怀有敌意。它想要安宁。它快乐地生活在一个安全的位置，这是之前时代的伟人们为其开创的。它对继续前行、离开这个终于到达的位置感到不适，因此它痛恨艺术家，艺术家试图把它已熟悉的世界观更换成新的。民众与艺术家之间，同时代的人与作为艺术家的个人之间的鸿沟越大，人类对于引领他们的精神就越反感。

艺术家的同时代人的世界观分属于不同的历史时期。在以往的帝国，臣民的世界观散布在时代之前的一千年中。在新奥地利，人们的世界观散布在最近的三百年间。如果这些状况证明了一种出于经济原因的变化，那么神圣精神是在要求国家营造出那种给予艺术家最小阻力的环境。而给予最小阻力的人们，是那些不只是肉体上，而且在精神上也是它的同时代人的人：来自 20 世纪的人。

因此，国家有义务尽可能拉近民众与艺术家的距离。

这是国家所能进行的唯一一种艺术关怀。没有凡人能够认出与我们同时活着的艺术家。个人可以犯错，但是国家一旦犯错，便是犯下违背神圣精神的罪恶。个人只需对自己负责，而国家因其权威，要对人类负责。个人可以支持他认为是艺术家的人，但是国家一旦失误，则可能让它不认识的天才殉道。因为有些东西会使天才的创造力瘫痪：权威对于非艺术家的青睐，以及随之而来的乌合之众的呐喊，会淹没真正的艺术家的声音。应当给予所有人同等的权利，或者，如果有人想要这么说，同等的不公。

答读者问
（1919）

引言：从家仆式德语说起

"尊敬的建筑师先生！建筑师先生一定已经注意到了……"啊，这是什么呀！

首先我对他们来说并不是什么"建筑师先生"，而是"卢斯先生"。不管在书信中还是口头称呼都是如此。我倒想看看有没有人在工作领域以外，称呼一个裁缝为"裁缝先生"，或称鞋匠为"鞋匠先生"，而不是"穆勒先生"或"施密特先生"。他们觉得这个比较不太成立，因为裁缝或鞋匠是普通的职业，而建筑师让人觉得与众不同。尽管我完全不同意，但权且接受他们的观点。可即便如此，诸如画家先生、雕塑家先生或作曲家先生这样的称呼，也只能在最亲近的圈子使用，往往还略带讽刺意味。

其次这种家仆式德语会使得一个现代人紧张，这种德语在 18 世纪时使用，今天只有在使用者穿着制服的情况下还尚且能被接受。"建筑师先生发现了……"天啊，今天谁还能忍受这样说话。仅仅穿戴得现代是没有用的。人们必须同时有现代的举止，说现代的德语。那些说着家仆式德语的人，为了不显得可笑，也最好穿着制服和及膝丝袜，顶着扑了粉的辫子。那样才行！

问题：您如何评价美国的鞋？

回答：不怎么喜欢。"美国样式"的鞋只有在西部或东部的荒野才会穿。在纽约，人们只穿厚厚的警靴（美国的警靴都是厚厚的）。东部的美国人和西部的欧洲人穿同样的鞋，是那种我们维也纳最好的鞋匠也能做出来的样式，好多年以来人们都可以在橱窗里打量它。四十年来在样式上毫无改变。而您指的就是样式。如果您指的是美国的工厂制作方式，那我只能回答，我们的工厂在当下无法生产出像美国鞋一样舒适合脚的鞋。这首先需要根据数字（长度）和字母（宽度）统一编号。只有这样，工厂才有能力生产出适合普通脚的鞋楦，当然人们首先必须长着普通的人类的脚[1]。这些鞋楦只能通过时间慢慢产生，而不能一蹴而就。所有的美国工厂都把自己的鞋楦视作商业机密，小心谨慎地存放在防盗保险箱中。

问题：要怎样选择运动装？

回答：这个问题有点泛泛，您要跟我说明您所指的运动种类。但是我要借此机会指出在维也纳会犯的一个很大的错误。我们所参与的大部分体育运动，都要求膝盖能活动自如，与不会用到膝盖的马术不同。马裤（riding breeches）（图 21）是给马术，也只是给马术准备的，这种马裤膝部很紧。而穿着马裤进行需要行走的运动，如打高尔夫、狩猎、旅游、滑雪等，都是疯狂的。人们在这些运动中需要的不是马裤，而是灯笼裤（knickerbockers）（图 22）。这是一种裤脚在膝盖以下收紧的短裤，但

---

1 译注：从若干文章片段可知，当时卢斯对中国有一些不全面的认识，此处很可能是暗指旧中国裹脚的习俗。

图 21 马裤
©Steinfurth

图 22 灯笼裤

是膝盖可以自由活动，裤脚从膝盖处相当深地垂下来（正确的长度可以通过以下说法算出来：裤子在膝盖以下收紧之前，应当与一条长裤差不多长）。而这种只有在塞默灵[1]可行的"breeches"装扮（一个在英国不可能跟骑马无关的词，只有在粗俗的说话方式中才会单独出现），到了瑞士则会被嘲笑。

问题：应该穿长裤还是短裤？

回答：长裤是骑马时穿的裤子。少年维特当时还穿着最原始的版本，

---

1 译注：塞默灵（Semmering），下奥地利州诺因基兴县的一个市镇，19 世纪开始成为维也纳上层社会喜爱的夏季度假地。

一条从脚踝一直紧紧地扣到小腿的一半的贴身长裤。外边再套一双长靴。当时的小孩子不穿靴子，而是穿低帮皮鞋，裤子像我们今天的长裤一样剪裁。一如既往：年轻人是正确的。男孩会长大变成男人。在年轻时习惯的事物，会被带入年长的时期。让我回忆一下我们青葱岁月的某件类似的事情。孩子们现在都穿短裤。而他们改穿长裤的时间点随阶层不断地推后。较高阶层的男孩获得第一条长裤的时间会晚于较低阶层。较低阶层的男孩十岁就开始抱怨长裤了。

所有现代的东西，都来自年轻人。它们会被带入成年世界：裤子吊带与名歌手[1]，系带鞋与罗丹，短裤与彼得·艾滕贝格。年轻人总是对的。

如此这般，18 世纪的孩子们也是正确的，尽管他们的父辈穿着及膝裤，而具有革命精神的成年人把小腿蹬进长筒靴中。孩子们当时穿着长裤，并保持了下来。成年人也开始这么做了。到了 19 世纪年轻人又有了短裤。这意味着 20 世纪的成年人也会穿短裤。

我们的未来是短裤和裸露的膝盖。我从哪里知道的？因为全世界的孩子们都在穿这样的裤子。英国将军贝登堡男爵[2]在布尔战争[3]之后组建起

1 译注：纽伦堡的名歌手（Die Meistersinger von Nürnberg），理查德·瓦格纳创作的三幕歌剧，1868 年于慕尼黑首演。
2 译注：罗伯特·贝登堡（Robert Baden-Powell，1857 年 2 月 22 日—1941 年 1 月 8 日），第一代贝登堡男爵。英国陆军中将、作家、童军运动创始者与第一任英国童军总会总领袖。
3 译注：布尔战争（Burenkriege）是英国与南非布尔人建立的共和国之间的战争。历史上一共有两次布尔战争，第一次布尔战争发生在 1880—1881 年，第二次布尔战争发生在 1899—1902 年。

童子军，要为他们寻找一种实用的制服。作为一个真正的英国人，他对任何沙文主义与民族主义感到陌生，两者都是民族不安和软弱的迹象，他拿来了所有他觉得好的东西，即便那并不是来源于英格兰。他从奥地利阿尔卑斯山地拿来了裤子。对我们而言，我们的奥地利民族意识会排斥一切英格兰的东西，这足够作为理由，让我们给我们的童子军一条在膝盖处收紧的膝裤。从日本到委内瑞拉，童子军都穿奥地利样式的膝上裤，我在马德拉岛和阿尔及尔、里斯本和马德里、罗马和哥本哈根都见过它们。但在我们奥地利这里呢？绝对不行！我们可不能样样学英国人。而我们童子军的穿着无论在美学、秩序、实用角度，都只能借鉴奥地利的军服。最近有人对我说了一句很有道理的话："如果我们在 1914 年就见识过英国军官和他们的衣着，那我们会考虑是否挑起战争了。"

这几天人们可以在维也纳看见一些穿着夏季制服的英国士兵。他们裸露着膝盖。像我们奥地利人一样裸露着膝盖。几年前我指出，因为每个国家都应该在制服中强调民族性，那么我们的步兵就应该穿着阿尔卑斯山地的皮裤行军。但是有人嘲笑我。对他们来说这感觉不够军事。我不反对任何奥地利特色。但奥地利特色对他们来说是那些五颜六色的翻领和星星装饰的耳环，以及尽可能歪曲和凌乱的夸张表达。简而言之：好看时髦。

问题：为何要穿高帮鞋套（Gamasche）？

回答：今天的高帮鞋套（图 23）最初来自苏格兰。苏格兰的农民在冬天也穿低帮系带鞋，而在大雪天不得不穿高帮鞋套。维也纳的鞋匠正确地称呼在英国被称作 brogues 的这类鞋为"苏格兰鞋"，以便与蒂罗尔地

图 23 高帮鞋套

区的无鞋头或平鞋头的低帮鞋作区分。鞋舌要么是短的，也就是普通的，要么是超长的，翻下来盖住鞋带。那样的话皮革就必须剪成流苏状，这对于皮革面料而言是必要的，否则皮革受潮了之后就会卷曲不平。但是现在这种流苏鞋舌甚至能在并非苏格兰样式的女鞋上见到，也就是说用错了地方，而且在蒂罗尔地区也很常见。苏格兰鞋往往是厚重的，应该搭配灯笼裤——也就是运动装——来穿着。

现在人们就能自己回答这个关于高帮鞋套的问题了。高帮鞋套只能搭配低帮系带鞋穿着。而因为穿风衣和礼服的时候并不应该穿低帮鞋，所以如果真的穿了低帮鞋，就必须把高帮鞋套穿在上面。

问题：一？

回答：您的意思是，和思考关于服装的问题相比，我们现在应该关心更重要的事情。尤其是关于高帮鞋套的回答激怒了您。我该怎么回答您呢！首先，富人不存在"我应该怎么穿？"的顾虑，最正确的穿着方式就是尽可能低调地穿。他满满的衣柜会轻易地将他带离所有这些烦恼。对于富人，对于富裕的公民，我的信箱是多余的。只有当紧急情况到来时，只有当人们被迫用微薄的钱财度日时，人们才会需要一个顾问。您当然是认为，现在重要的并不是我们穿什么，而是我们压根有没有东西可以穿。我们的观点是完全一致的。我手头有一幅《趣闻周报》[1]上的图片：社会民主党[2]领袖身处十四名死难者的送葬队伍中。然而奇怪的是，这是一种怎样的巧合，所有人都穿着深色的衣服。他们是按照约定行事的吗？不是的，虽然我们现在有更重要的顾虑，但所有人都纯粹出于感觉而选择了深色的衣服。是的，我认为，他们中的每一个人，如果没有别的衣服可以穿，与其不参与这庄严的仪式，也不会穿着明黄色的西服出现的。我想底层人民中大多数人，或者所有人，都会与他们抱有相同的看法。

我们变穷了。但我们并不该因此变得可笑。我们应当因此开始——出于节俭的要求——思考我们的穿着。也许会有这样的境况，我们不得不穿着我们最后一条裤子和最后一件外套跑来跑去。但未雨绸缪能使我们最后的衣服不至于是一条皮短裤和一件黑色舞会礼服。不然我们就很可笑了。您，作为一个高尚的灵魂，当然会否认人在这样的衣服里看起来可笑。（我并不想当场试验一下。我邀请您在白天来我家，看看我穿着这样的衣服，并且不罩外套，也不坐在车里的样子。）

---

1 译注：《趣闻周报》（*Das Interessante Blatt*）是奥地利 1882—1939 年每周发行的一家报纸。《维也纳图报》（*Wiener Bilder*）作为该报纸的副刊出现，成为后来的《维也纳画报》（*Wiener Illustrierte*）。

2 译注：奥地利社会民主工人党（Sozialdemokratische Arbeiterpartei Österreichs, SDAPÖ），1888 年成立，1934 年被取缔。1945 年改名为社会党（Sozialistische Partei Österreichs, SPÖ），1991 年 6 月改名为社会民主党（Sozialdemokratische Partei Österreichs, SPÖ）。

我们变穷了。我们必须加油干活。每个人都要用尽全力。每个人都应该尽量减少开销。鞋匠也是如此。我如果是个独裁者，我会签发一条法令只允许制作低帮鞋。你们觉得冷？那就穿上高帮鞋套。

我们变穷了。我们必须靠着工作过活，而不是通过贸易，就如同那些天真的人为我们预言的那样。

大家又得竭尽全力地干活了。而我们不应该自己消耗我们的劳动成果，而应当支付给外国作为购买食物的物资。其中也包括高帮鞋套。在和平年代，它曾经是一项出口货品，现在应该使其恢复。但我们只应生产能在外国销售和穿戴的高帮鞋套。而这样的高帮鞋套，只有当人们了解高帮鞋套是何时被穿戴、怎样被穿戴的，才能生产。在像廷巴克图[1]这样遥远的国度不可能发展高帮鞋套产业。

穿着不外乎人的内在表露。对于贫穷的人、贫穷的民众来说也是如此。人们通过外观就可以认出一个旃陀罗[2]贱民。在贫穷和贫穷之间也是有区别的。

问题：你对不戴帽子的男人怎么看？

回答：最先不戴帽子的男人是美国大学的运动员。足球是第一种不戴帽子进行的运动。随后出现了在大学城街头成对进行的跑步运动，第一次

---

1 见 23 页注释。

2 译注：旃陀罗（Tschandala/Chandala），印度族群之一，在印度教种姓制度中，被认为是最低种姓，被认为是不可接触的贱民。

在大街上展示了不戴帽子的男人。当时人们考虑到中暑和着凉，让美国的运动员蓄起长发。由于人人都想成为运动员，不戴帽子很快成为每个有教养的美国公民的标志。由于在美国，人们之间打招呼的习俗不是脱帽而是招手，把手举到头的高度，这一点变得更容易。只有女士们会脱帽作为回礼，不戴帽子的男士则通过点头示意代替。

在大学里发生不戴帽的事情的同时，发生了以下情况：女人在戴帽子时（如在舞会或剧院）和不戴帽子时的发型不同，她们就被迫为这样的情况发明一种新的头饰。整个19世纪，人们为此想尽了各种各样的形式。但那些能坐在封闭的车里去参加舞会或观看戏剧的女士舍弃了头饰。毫不奇怪这些必须步行或使用机械代步工具[1]的女士，至少在剧院里不愿在风头上输给她们那些富有的姐妹，希望在更衣室里通过不戴头饰的脑袋来引起注意。人们虽然觉得会受冻，但那样会看起来高贵。人们甘愿冒着受寒的风险。事实证明，并没有人因此感冒。

于是美国男人很快发现，既然他的妻子没有伤风，那么他也可以试试。因为在剧院里和舞会上帽子是个累赘。首先尝试这件事的人也是那些拥有轿车的人。

当我上一次在伦敦的时候（1908年的冬天），没有一位穿着礼服的男人戴帽子。剧院散场时莱斯特广场附近的街道景象显得很奇怪。大街上

---

1 译注：很可能是指维也纳电车（Wiener Straßenbahn-Netz）。它于1865年开始营运，起初车厢是由马匹拉动，1883年开始使用蒸汽推动，1897年开始电气化。

有着数以千计的剧院访客，他们走出剧院进入临近的餐馆。所有的人都不戴帽子。

　　战争使得舍弃帽子的进程被中断了。我们停滞了五年。但是谁要是能去外国，便会在苏黎世和贝尔尼看见许多不戴帽子的人。在冬季的度假胜地，白天当然根本看不见戴帽子的人。我在圣莫里茨 [1] 成为街上唯一一个戴着帽子的人。而我在汉瑟曼甜品店 [2]（或许是别的什么地方）里被普遍不戴帽子的人群感染，竟忘了再一次把它戴上，也许它今天还挂在那里。几周之后当我要离开圣莫里茨时才发现，我的帽子去哪了？在汉瑟曼甜品店还是在什么别的地方？我没戴帽子就出发了。

　　在苏黎世火车站前我遇见了 P 伯爵，他是我们代表团在伯尔尼的专员。他没有戴帽子。"您在苏黎世多久了？""我刚到。""嗯，可是……"我咽下了后半句，因为我本来想说，他没有戴帽子真是令人难以置信。但我当即想到，这个不戴帽子的人也是在他从伯尔尼到苏黎世的途中开始不戴帽子的。我也明白了他为什么不戴。在火车车厢里人们是最不需要戴帽子的了。不戴帽子的男人不戴帽子地周游全世界。做任何事都可以不戴帽子，唯独不要站在橱窗前面。因为不然必定会有人过来指着橱窗里的什么东西，问你说："这个龟裂纹皮包多少钱？"

———————————

1 译注：圣莫里茨（St. Moritz），瑞士著名的滑雪胜地之一，也是两届冬奥会的主办地。作为蜚声国际的小镇，圣莫里茨以兼具意大利、德国和罗曼什本土传统的文化气息而别树一帜。

2 译注：汉瑟曼甜品店（Confiserie Hanselmann）是世界知名的甜点乐园，位于圣莫里茨小镇的中心区域，在当地名声很大，建筑外观十分醒目，其门面有着华丽的壁画。

长久以来，从战争开始多年以前，我在夏天就已经不戴帽子走在街上了。然后秋天伴随着雨水到来，我经受不住了。就像第欧根尼[1]看见有人用手捧水喝便会扔了他的杯子一样，彼得·艾滕贝格学了我的样，但他习惯了在冬天也这么做。如果说至今为止可以通过肥皂的使用来估计一个民族的文化水平，也许有一天人们会问："有百分之多少的男性不戴帽子？"因为未来是属于不戴帽子的男人的。

问题：连衣裤（Overall）是什么？

回答：工人自古以来系着围裙。所有继承了18世纪的技艺的工匠都系着围裙。但那些在19世纪产生的新工业的工人会穿一条罩裤和一件用蓝色围裙布料制成的衬衣。想想我们的安装工人。"穿着蓝色围裙的男人"——绘声绘色地念出这个短语，便是四十八年以来所有的政治演说家爱用的道具之一。后来变成了"穿着蓝色衬衣的男人"。美国工人可能不明白，为何要把衣服的保护罩做成两件。他穿着一件工作服，跟我们的男孩穿的头几条裤子很像。那种裤子覆盖了胸部，在腋窝上方通过扣子固定住。这种衣服被称作连衣裤（图24）。连衣裤也会成为欧洲工人的衣服。在战争期间，有五十万美国工人在法国工厂里工作，另有五十万在前线后方工作。这一百万穿着连衣裤的男人使得这种工作服在法国流行了起来。三十年后我们也会在奥地利看到它。那么政客就会像三十年来他的美国同僚们所做的一样，强调"穿连衣裤的男人"了。

---

1 译注：锡诺普的第欧根尼（Diogenes），古希腊哲学家，犬儒学派的代表人物。约活跃于公元前4世纪，生于现土耳其境内的锡诺普，卒于科林斯。他的真实生平难以考证，但古代文献中留有大量有关他的传闻轶事。

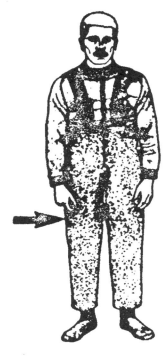

图 24 连衣裤

问题：为什么在穿现代大衣的时候要系腰带？

回答：所有需要扣住并且前后都剪裁得宽松的长外衣都可以系腰带。这不仅适用于夹克，也适用于所有的外套风衣。在奥地利的阿尔卑斯山脉地区，无腰外衣（Joppe）是一种常见的外衣，前面贴身，后面宽松，用来扣住的"龙骑兵背扣"（Dragoner），足以通过中空折叠的设计，使得整件外衣尽管有着宽松的剪裁仍显得得体。西欧人们穿的工作夹克、衬衣也是前面很长，因此需要一个腰带收束。毕德麦雅时期[1]的工匠师傅是这么穿的，现在诺福克[2]的农民也是这么穿的。诺福克样式的上衣变成了运动员的夹克。它是将法式衬衣与奥地利无腰外衣结合的产物，从法式衬衣那里挪用了一直到胸部以上的宽松剪裁，从奥地利无腰外衣这里挪用了褶皱的紧致熨烫的排列。也就是说它在胸部也有褶皱，而奥地利无腰外衣只有背部的褶皱。因此诺福克上衣有

---

1 译注：毕德麦雅时期（Biedermeierzeit），是指德意志邦联诸国在 1815 年（维也纳公约签订）至 1848 年（资产阶级革命开始）的历史时期，现则多用于指文化史上的中产阶级艺术时期。

2 译注：诺福克（Norfolk），英国英格兰东部的郡。

皮带，而施泰尔人 [1] 的无腰外衣则有背扣。

阿尔卑斯山脉的居民有时穿着扣上"龙骑兵背扣"的无腰外衣，有时就让背扣松开。每十年都不太一样。有时人们觉得穿得宽松点更舒服，有时则更喜欢服帖的穿着。现在我们处于这样一个时代，人们喜欢穿得比较服帖，比较"紧致"。我们的西装上衣露出背心，本身就是设计为敞开的，即便如此，从战前开始我们就把它扣得越来越紧了。显然神经是这样要求的。人的神经越现代，他的外衣就越紧致。彼得·艾滕贝格从十五年以前就开始给普通的上衣搭配腰带了。虽然这看起来很奇怪，但他的神经是这么要求的。人类的先锋的衣着"怪异"的原因往往在于，为大众工作的裁缝还无法跟上这种神经的需求。

让我们还是回到外套这件事。阿尔斯特大衣 [2] 仍然是像罩衣，像卡夫坦长袍 [3] 一样被制作出来。然后出现了缅什科夫大衣——背面宽敞，有一个背扣。然后出现了拉格兰大衣 [4]。它在前面也是宽松的。那是人们敞开

---

1 译注：施泰尔人（Steirer），施泰尔马克州（Steirmark）居民。施泰尔外衣（Steireranzug）是一种19世纪中期引入施泰尔马克的绿色镶边的灰色传统服装，带有翻盖口袋和腿侧条纹。

2 译注：阿尔斯特大衣（Ulster），一种大衣样式，用了爱尔兰阿尔斯特地区的面料，由此命名，1866年由麦基（McGee）家族发明。

3 译注：卡夫坦（Kaftan），在世界许多不同文化的地区中存在了几千年。它主要当作外套来使用，衣长到脚踝处，长袖。它可用羊毛、羊绒、丝绸或棉布制成，可配上饰带。这种衣服源自古代的两河流域，当时被许多中东的民族所穿着。

4 译注：拉格兰大衣（Raglanmantel），以拉格兰男爵（Baron Raglan）命名。拉格兰男爵是克里米亚战争中一位英国高级将领，穿着这种样式的大衣。衣袖的剪裁是拉格兰大衣的特色：衣袖一直剪裁到脖子那里，缝合线从腋下走到脖颈处，使得肩膀处贴合，穿脱都更容易。

地穿西装上衣的时代。而当时人们还会穿一件前后都是宽松剪裁的罩衣。现在神经又要求紧致的收束。人们把外衣扣上了，但是宽松的罩衣怎么办呢？飘飘荡荡的感觉让人烦躁！于是人们系上了腰带，就像彼得·艾滕贝格十五年前就已经对他的外衣所做的一样。当他有一次看见我穿着一件现代的腰带大衣的时候，他感到嫉妒。他说他下一条"蹄兔"，他是这么称呼他的大衣的，也要有根腰带。可怜的彼得，亲爱的彼得，你遭受了不公的待遇！

问题：蜡染？

回答：近几个月来，越发频繁地有女孩子找到我，跟我说她是艺术家，而在言行上支持艺术家是我的职责，也是我该死的责任和义务。

我这样回答她：我知道了——蜡染！对此，女孩子误以为我是一种比现实更高等的生物，也就是把我当成了如今人们能设想的最高等的生物，读心者。

但我并不是。我只是借助了概率计算。百分之九十的"女艺术家"这样自称的原因，是她们会蜡染。

如果我让一只金龟子掉进一个墨水罐里，然后让它在一块染上漂亮颜色的华丽丝绸上爬来爬去，这样就产生了蜡染。如果同时使用十只或二十只金龟而不是仅仅一只就能事半功倍。我还能让一部分金龟子沾黑色的颜料，另一部分沾红色的颜料。我还能买一瓶紫色的墨水。还有黄色！就像之前说到过的，有一些女艺术家拥有天马行空的想象力，以至于我难以找到词语来公正地评价她们的作品。还有另一些艺术家拥有别的秘方。当然不一定要用金龟子。我已经知道——以防有人要来纠正我——还有别的方法。不言而喻，在一年剩下的十一个月里当然会用别的方式创作。但是效果是同样的。

让一位画家站在一张空白的画布前，他会画。让一个蜡染师站在一块洁白的丝绸前，他会蜡染。让一个拿着粉笔的小孩站在木板前，他会……

但是让我们回到那位把我当作读心者的女孩子身上。我说："蜡染，是的，蜡染……这是一件难事啊！我要怎么帮助您呢？！我认为，您最好把这幅作品送去干洗店。也许他们能把它搞定。"

我不认为那个女艺术家会听从我的建议。她会自己找到办法，让这块已经报废的丝绸以另一种方式被使用。不然我们的橱窗也不会挂满了蜡染手巾和蜡染领带。但是对于被消耗的时间来说则是可惜的。打字和修指甲是更有用的工作。现代人会觉得一张没有文身的脸比有文身的美。文身和蜡染对于现代人来说是可怕的，即便这两种技艺对波利尼西亚[1]及其在司图本环路上的殖民地来说意味着艺术成就。如果所有的女性都在自己身上发现成为蜡染艺术家的素质，并由此抛弃经济工作，会是十分危险的。

后记：我刚刚得知，干洗店并不能去除蜡染。如果你的新娘送给你一条蜡染领带，那么你只能把它染成深色了。

---

1 译注：波利尼西亚（Polynesian）是位于太平洋中南部的群岛。数百年前，善于航海的波利尼西亚人经过远洋航行到达这些无人岛屿并在此定居，成为波利尼西亚各岛屿的最初居民，如新西兰的毛利人等。

问题：应当废除背心（Weste）吗？

回答：您是在问："为什么我们还没有根除背心，这个巴洛克时代的服装呢？"听着，因为罗马不是一天建成的。背心的确像您所说的一样起源于巴洛克时代。但没有什么改变会一蹴而就。所有的东西都会留存。尽管我们有了电灯，但蜡烛还是存在，只是它的使用范围被限制了。同样，背心也不再像两百年前那样必要了。穿衬衫的男人不需要背心。穿扣上的长风衣的男人不需要背心。一个又一个世纪过去，背心会越来越不被需要。终有一天，最后一支蜡烛与最后一件背心会被陈列在博物馆里。

问题：《工人报》发表的关于时尚展的言论是否正确？

回答：《工人报》错了，如果它只知道把时尚这个词用在衣着上，也就是裁缝、帽匠、鞋匠的作品上，这是不正确的。时尚是当下的风格。任何令人不快的事物，如一场交响乐、一幕喜剧、一幢建筑，当有人愤怒地喊道：这不成风格，只是一种时尚！人们便会觉得他下了一个尖刻的论断。完全正确，一百年之后人们会把时尚称作时代的风格，不论涉及的是女帽还是大教堂。（在假面舞会上X女士以14世纪的风格登场，这还能说得通，但教堂以中世纪的时尚建造而成，就有问题了。）或许人们想说明服装产品会变化，并以此贬低它们？那么就有必要用同样的标准看待艺术作品了。《工人报》的评论因此不适用于时尚，或者说当下的风格，而适用于服装产品。

那么这样一来，指称在这些服装产品中浪费了大量多余的做工是正确的。但并不超过其他产业。恰恰相反：我们的服装比起以往的世纪已经简化了太多，在我们的房屋立面上根本不是这样。大可比较一下质朴优雅的维也纳老房子和今天的新房子所发起的装饰暴乱。和我一样在言行上反对装饰的人承受着这样的暴乱。如果能摆脱装饰，摆脱多余的东西，那么整个人类就能得到一种更好的生活。我们的裁缝、鞋匠和帽匠在无装饰性中是走得最远的，但愿别的产业也能立即跟上！

问题：艺术与手工艺的关系？

回答：有人指责我在上一次回答问题的时候背离了我的立场，指责我不忠于自己。二十年以来我一直在宣传艺术和手工艺之间的差异，不允许任何一种艺术手工艺或应用艺术的概念存在，违抗着所有的同时代的人。

我写道："或许人们想说明服装产品会变化，并以此贬低它们？那么就有必要用同样的标准看待艺术作品了。"让我们看看我是否在此抛弃了我的原则。

我的意思是说：艺术作品是永恒的，工匠作品会随着时间消逝。艺术作品的效果是精神性的，日常物品的效果是物质性的。艺术作品以精神性的方式被享用，因此不会因为使用而遭受破坏，日常物品以物质性的方式被享用，也会因此而被消耗。我认为如果有人破坏绘画便是一种野蛮，那么生产一种只能展示在橱窗里的啤酒杯（维也纳工坊）也是一种野蛮。日常物品只是为这个时代的人制造出来的，只需要满足他们的需求，而艺术品的效果会持续到人类文明的最后一天。但是两者都会经历形式上的变化，这变化会是如此明显，能够让历史学家在艺术作品和日常物品中确定它们产生的时间点。我曾经写过：即便一个灭绝的民族只留下了一枚纽扣，那么我也能从这枚纽扣的形状推想出这个民族的衣着与习俗，他们的礼仪与宗教，他们的艺术和精神性。这枚纽扣是多么重要。

我想借此指出内在文化与外在文化的联系。其传导途径为：神造就了艺术家，艺术家造就了时代，时代造就了工匠，工匠造就了纽扣。

问题：制服与便衣？

回答：您写道，从我上一次的回答中[1]可以得出，我认为军官上校应当穿燕尾服，也就是便装，参加舞会。

我很高兴您得出了这一点。像这样与解答问题关系不大的事物，常常穿插在我的回答中。这样做的目的是迫使读者去思考那些表面上看起来次要，但是一旦深入思考便会导向重要结论的东西。这件事也是如此。是的，我认为军官只有在值勤时或者在去值勤的路上时才应该穿制服，在其余的时间不应该通过任何事物与其他公民区分。这并不是因为我反感制服，在恰当的地方我是赞赏它的（就像我支持军队内部的等级区分，因为这是必要的），而是因为我知道要保护制服的尊严。一个英国军团处罚了一名穿着制服去理发店的成员，对此我们很难理解。在这里人们维护制服的尊严，但为制服的尊严费心，归根结底并不是平民百姓的事情。相反，我们有一种权利，一种民主的权利，即没有人应该通过他的衣着在人群中突显自己，没有人应该利用它来牟利。在军营之外，中尉只是单纯的 X 先生，上校只是单纯的 Y 先生，就是这样。

---

1 原注：见下文"自由与衣着"一节。

问题：单片眼镜？

回答：那些只有一侧眼睛近视的人会戴单片眼镜。对我们来说单片眼镜是浮夸的。至于为什么，我并不理解。美国人也会感到费解，就像和他说装假肢的人是花花公子一样。由此可见，在美国只有需要的人才会戴单片眼镜。许多视力良好而在眼睛里装了个望远镜的人——主要是德国人，使单片眼镜背负了恶名。这样的人脑子里在想什么，对我来说是个谜。但是如果有谁需要单片眼镜，那么就应该佩戴，无论它的名声如何。三十年前在纽约有一位最著名的圣公会神职人员就属于戴单片眼镜的人。那里的女士们，特别是年纪稍长的女性，也会佩戴单片眼镜。

我两只眼睛都远视，在户外阅读时会佩戴单片眼镜。远视的眼睛一旦从报纸上移开，透过眼睛前边的镜片几乎什么都看不见，感觉很遭罪，因此只能被迫摘下眼镜。我发现这用单片眼镜是最容易实现的。

我并不在乎有那么多公子哥戴着单片眼镜跑来跑去。所有人都有自由把我也当成一个公子哥。我这周为了快一点到达席津或德布灵跳上了一辆拖车，别人怎么看我，我也不知道。在这里一定是令人难以接受的，因为我觉得自己是唯一一个这么做的人。

问题：裘皮大衣？

回答：听着，当自己有一件裘皮大衣而天气又足够冷时，人们就会穿。但是也有人会感到焦虑，因为他同时也有一件普通的冬季大衣（切斯特菲尔德大衣[1])。为了节俭焦虑,人们会设法保护皮草,使它能够终生都用不坏。因此大衣必须拥有一种二十年到四十年都无须改变的样式。想想这个规则:每一件物品必须在美学上和物理性能维持得一样久(也就是说不能使眼睛感到不舒服或者可笑)。具体在个别的物体上就意味着,女人的一件舞会装扮,如果只需要穿一个晚上,美学上也只需要持续一个晚上就够了,第二天它可能就显得可笑,或者说不现代。但是一个写字台因其质地和工艺也许能被使用一百年,那么就需要费心确保它拥有一个一百年都不会过时的样式。这种担忧从来不会困扰我们新德意志的艺术家们,其中也包括奥地利制造联盟的成员们。劳动力,甚至是最好的劳动力(一种崇高的工作)和最好的物料,为了"艺术家"的怪癖被浪费,因为被生产出来的物品出于美学原因无法被消耗,无法被使用——现在还有谁能生活在一所维也纳工艺美术学校教授二十年之前"设计"的房子里——这是一种犯罪。

针对裁缝店,规则就变成:给舞会装扮使用便宜的材料和粗糙的做工。可以尽可能地浮夸。如果裁缝的想象力不够的话,人们可以去咨询一下现代建筑师。他就是管这个的。但对于皮草而言,应该选择一个保守的匠师。工匠越保守,用来加工的材料就越高贵。

问题:民族特色?

回答:您害怕那些外国买家被我们的便宜汇率吸引,大量涌入维也纳,而我们会因此失去民族特色。但到目前为止我并没有这种感觉。不过,今

---

1 译注:切斯特菲尔德大衣(Chesterfield)是一种长款大衣,以切斯特菲尔德第六代伯爵乔治·斯坦霍普(George Stanhope)命名,他在19世纪三四十年代是英国时装的领军人物。

天我在卡尔特那街上的希斯商店¹橱窗里看到了第一批英美样式的钱包。我们的民族特色会要求保护皮制钱包的金属护角只在上侧安装。另外两个角保持没有被保护的状态。这对于橱窗来说够了。就像其他地方一样，我们的皮制日用品是为了橱窗展示，而不是为了使用。一定是某个美国军官发现了这一点，因此为了这样的军官——但也只是为了他们——在橱窗展示中放上了一些服务于实用性的钱包。因为对美国人来说金属件是一种对磨损的保护，而对维也纳人来说只是个装饰。

问题：自由和衣着？

回答：您的意思是说，一个摆脱了镣铐的民族，也会在一些诸如衣着的附属物品中保有它的自由，并且从礼仪考量中移除所有的着装规范。听着，事情恰恰相反。您称作自由的东西，是当我把家里令人不快的污秽倾倒在大街上时所持有的自由。不顾虑路人，不顾虑我的邻人的健康。如果你想要这样的自由，那么就必须往东走，去到伊斯法罕²或赫拉特³，那里的国家形式还是绝对主义。但政府形式越自由，人们的言行就越受到约束。人想要活得越自由，越少地生活在警察的监视之下，那么他们就有越多的责任，去对自己和自己人实施一种警察般的控制。这样，也只有这样才能使得警察对于公民来说是多余的。之后，警察就变成了社会防范犯罪的一种工具。之后，他就不再负责监督行为，不再给出"请靠左走"的指

---

1 译注：卡尔希斯商店（Carl Hiess），维也纳的一个日用品商店。
2 译注：伊斯法罕（Ispahan），为伊朗第三大城市。
3 译注：赫拉特（Herat），是阿富汗西部哈里河流域赫拉特省的一座城市。

令。不自由的民族有他们外在的警察，自由民族的警察在他们内心。每一个美国人都是他自己的警察。而他对自己所要求的，也会极度严格和无情地要求他的同胞们。在美国，人们不能在 5 月 21 号前戴稻草帽。如果有谁过早戴着帽子上街——那只会是德国人——就要冒着帽子被从头顶打下来的风险。也就是说在这个自由的国度是有着装规范的，德国人称之为倒退。这种东西在进步的德国是没有的。不过，在舞会上裸露膝盖和穿着皮裤的人是不被允许入场的。这算退步吗？每个人都能感受到，为何我们需要穿同样的礼服。我们由此满足民主的要求，即所有在生活的苦役中必须穿不同的衣服来互相区分的人们归根结底都是同样的，即便那只是节日的短暂时间。所有的人都穿白衬衫和薄麻布领带、漆皮鞋和燕尾服。我在工坊里称之为"匠师先生"的鞋匠变成了舒尔策先生，那个严厉的在营房里管头管脚的上校变成了迈尔先生，我在办事处称之为"委员先生"的那个男人，对我来说仅仅变成了施密特先生。没有人在奔赴庆典之前若有所思地站在衣柜前面问自己：我今天应当穿什么去舞会，才能压过别人的风头？这事就留给女人吧。

听着，美国人常常去舞会。从早待到晚。因为他们是共和主义者。

在阿富汗则是另一种状况。

迁居者的日常生活
（1921）

　　父亲看见光秃秃的还未耕种的田地。在工厂疲惫地工作了一整天之后，他拿着铲子，开始翻挖地面。于是产生了耕地，施雷伯园地[1]，自己创造出来的新家园，这次是真的了：迁居者自己建造的家园。这是一场工人们对抗工厂军营般拘束的革命的结果。一场不流血的人权运动的结果，也由此是一个人性的结果。

　　人们不认为分配园地是一种心血来潮。人们亲自耕作的这块土地，会永远具有今天的意义：通往大自然母亲的避难所，通往人们真实的快乐和独特的幸福的避难所。

　　一方水土养一方人。每一个族群都会有自己独特的饮食方式和烹饪方式。

　　人们一度很讲究奥地利式的烹饪。但如今我们才意识到，这种烹饪方式之所以存在，是因为我们口中的奥匈帝国存在了几个世纪。

---

1 译注：施雷伯园地（Schrebergarten），以莱比锡医生丹尼尔·施雷伯命名的园地，用于家庭规模的种植活动，推动了 20 世纪 20 年代维也纳的迁居运动。可参考《学习生活！》与《现代住区》两篇文章。

摩拉维亚人、波兰人和匈牙利人提供了面粉，南匈牙利人和波希米亚人提供了李子，波希米亚人和摩拉维亚人提供了糖。大自然给那些非德语国家提供了丰富的物产。广阔的平原、黑色的土地、焦灼的阳光。现在我们失去了所有那些曾经食用的东西。也就是要从头再学。波希米亚的丸子、摩拉维亚的甜面包、意大利的炸猪排，这些曾经几个世纪属于维也纳菜的东西，现在必须被所谓的家乡菜替代。

当年帝国巨大的面粉产量导致奥地利菜是世上含有面粉最多的。我们对那些丰富的面粉料理感到骄傲。在所有的菜式里都能见到面粉的存在。餐桌上所有的蔬菜有一半都搭配了面粉。家庭主妇称之为"稀释"，因为蔬菜昂贵而面粉便宜。奥地利式菠菜是一团灰灰的面膏，添加菠菜之后带上了绿色。这种对面粉的过度使用如今让我们每年耗费好几十亿，这是国家要为现在从外国进口的面粉所支出的数额。任何工业上的举措都无法弥补这样的进口量。

有什么解决办法？那个丹尼尔·施雷伯博士早已预见，他在七十年前在租赁军营之间的马路上注视着玩耍的孩子们，并对自己说：

孩子较多的家庭可以努力在城郊买下一小块土地，让孩子们远离大城市的尘嚣，在露天的环境下，在新鲜空气和阳光中玩耍。在这块土地上盖一些棚子（Laubhütte），父母在忙碌了一天之后可在此享受休息时间。

事实上也像这样发展了。但丹尼尔·施雷伯没有预料到的是，在国民经济的七十年辉煌期之后，施雷伯园地不仅拯救了人们，也拯救了国家。

国家的任务现在变成将一部分城市居民自愿承担的工作产出最有效地利用于所有的人。施雷伯园地种植者们的工作带来了食物，不然就得从国外进口。维也纳的施雷伯园地种植者们在 1920 年为一百万人提供了食物。

有两种方法可以提高产量。第一种是给所有自愿参与种植食物的人分配土地。在维也纳有几十万人，在奥地利有几百万人，他们的工作兴趣和工作精力没有耗尽，在闲暇时间致力于耕作。"八小时工作，八小时玩乐，八小时休息，八先令一天。"英语地区的工人们流传着这样的顺口溜。我们一部分的工人想要富有成效地使用八小时的"玩乐"时间。有人指责这八小时会影响主业工作，因为工人们在园地里会精疲力竭。这是错误的。在园地里干活是最佳的调剂。更不必提及除此之外这"玩乐"的八小时是如何被浪费掉的。

第二种：施雷伯园地的种植者们可以住在各自的园地。现有的离住宅区甚远的施雷伯园地会耗费大量的时间。有些人需要在轨道列车上耗费单程一个小时的时间。这不仅是一块园地，而且是家。不间断的工作时间，减少了在一天之内不合理分配的休息时间，使这一点进一步成为可能。八小时不间断地奉献给专业工作、办公室或工厂。

余下的则是家庭生活了，是一家人围坐的饭桌。大家知道世上有一座百万人之城，其中百分之八十的居住者并不在饭桌边进食吗？

维也纳工人餐桌上的饭菜将代表一种新的、现代的、真正的奥地利烹
饪方式。他们的妻子再也不需要稀释蔬菜了。一年三熟的密集劳作让大家
获得了集约农业的人民——区别于粗放农业的人民——早已拥有的饮食习
惯。从园地里收获的蔬菜将替代面粉。我们将通过劳作来弥补肥沃土地的
欠缺。

学习生活！
（1921）

这座城市的所有居民狂热地经历着的这场迁居运动[1]，需要一些崭新的人。像伟大的园艺家雷伯热·米格[2]所说的那样，一些拥有现代神经的人。

不难描绘这种有着现代神经的人。我们并不需要绞尽脑汁去幻想。这样的人就活生生地存在着，当然并不在奥地利，而是在更远的西方。那些美国人现在拥有的神经可能要到我们的后代才能获得。

美国人并不像我们那样清晰地区分城市居民和农民。每个农民都是半个城市人，每个城市人也都是半个农民。美国的城市居民并不像欧洲的那样远离自然，或者更确切地说，不像欧洲大陆的城市居民一样。因为英国人也具备农民的品性。

英国人和美国人都觉得和别人住在同一个屋顶下是一件不愉快的事情。无论贫穷或富贵，每个人都追求拥有自己的房子。即便只是一间茅舍，

---

1 译注：迁居运动（Siedlungsbewegung），20 世纪 20 年代因为第一次世界大战导致的住房短缺和食物稀缺，部分维也纳人迁居到城郊，自己搭建简单的住宅。小型的种植园保证了食物的供给。他们的目标为不依赖城市，自给自足地生活。这些住宅一开始被视作违章建筑，但是政府很快就开始表示支持。

2 译注：雷伯热·米格（Leberecht Migge，1881—1935），德国景观设计师、地区规划师、城市理论家。在魏玛共和国因提出园艺生活的原则而知名。

即便只是一间茅檐低小的倾颓棚屋。在城市里他们表演戏剧。建造跃层公寓的租赁住房，它的两个楼层用一个单独的木楼梯连接，也就变成了在竖直方向上互相叠加的棚屋。

这是我的论述的第一个要点。在自己的家园里，人们会住在两个楼层。他们明确地把自己的生活分为两部分，区分为白天的生活和夜晚的生活，区分为起居和休息。

这种在两个楼层上的生活并非不舒适。当然不存在我们概念中的卧室。对我们而言，这些空间就太狭小和冷清了。唯一的家具是上了白漆的铁质或黄铜的床。床头柜都无法放得下。更不用说橱柜了。所谓的 closet，壁橱，字面上的意思为盖子，替代了传统的橱柜。卧室只是用来睡觉。易于打理。它有一个比我们的卧室高明的地方，即它只有一个门，因此绝不会被当作穿行房间使用。早晨所有的家庭成员在同一时间下楼来。即便是幼儿也会被带下来，整个白天和妈妈一起待在起居空间里。

每家都有一个餐桌，全家在饭点围坐在餐桌旁边。就像在农民那里一样。因为在维也纳只有百分之二十的居民可以这么做。另外百分之八十怎么做呢？一个坐在炉边，一个手里拿着锅子，三个坐在桌子旁，剩下的待在窗沿。

每一个拥有了自己家园的家庭现在都应当有一张桌子，就像农民的桌子一样，放在起居室一角。这会是一个美妙的变革！支持和反对的声音都有。"呐，我才不干呢！我在上奥地利地区的农民那里见过这种的。那里人们坐在桌子旁边吃饭，从一个大碗里边分着吃。我们才不习惯呢。我们是单独吃饭的。"还有一位担忧的父亲表示："什么，围在桌子旁边吃饭？这不是让我的孩子们养成上酒馆的习惯吗！"

每当我讲这件事，大家总是哄堂大笑。但我的内心其实在哭泣。

将来我们不会再为桌子的事情争吵。人们很快会发现，一起吃早饭可以省钱。维也纳式的早餐——在炉子旁边喝一口咖啡，一块面包一半在楼梯上吃，一半在街上吃——使人需要在十点钟的时候吃一份牛肉汤充饥，然后因为牛肉汤里放了不少辣椒粉，又需要喝一杯啤酒。这一餐英国人和美国人甚至都叫不出名字，在我们这里被称作叉子早餐，显然是因为只用得上刀 1。人们虽然不会用刀进食，"但是最后怎么吃剩下的酱汁呢？！"

在家里只有一口黑咖啡能喝的话，一家之主就会享用这第二份早餐。但是他的妻子很快就会发现，一桌丰盛的美式早餐可以帮整个家庭省下钱来，能填饱所有人的肚子，让大家到中午都不用再吃东西了。对于美国的家庭而言，早餐是最美好的一餐。一切都因为睡眠而焕然一新，房间是舒适的，空气清新温暖。整张桌子上摆满了食物。每人先吃一个苹果。然后由母亲给每个人分发燕麦片（oatmeal），这种食物使得美国拥有了健壮的人民、力量和财富。当我告诉维也纳人"oat"意味着燕麦，"meal"意味着菜肴，他们一定会露出不悦的神色。但我们会给到莱恩茨 2 远足的

---

1 译注：叉子早餐（Gabelfrühstück），早餐与午餐之间的加餐，通常是站着只用叉子进食，可以饮酒。卢斯在此用了俏皮的说法，故意说"显然是因为只用得上刀"，调侃奥地利人用刀刮酱汁的习惯。

2 译注：莱恩茨（Lainz），维也纳第十三城区席津的一部分。

人们提供美式粗磨燕麦，并且希望整个维也纳的民众们养成吃燕麦的习惯。那些用燕麦喂养的美丽马匹使我们那么骄傲，给我们带来了多少好处啊！我们的民众也应当向它们一样获得"清爽"的头脑和轮廓清晰的面部。

无论贵贱，无论是穷光蛋还是百万富翁，在美国，所有的人餐桌上都不会缺少燕麦。其余的，便宜的鱼或昂贵的小牛排，则取决于每个人的具体情况。当然也会有茶和面包，有点奇怪的是，中午和晚上也会提供。

午饭则十分简单。父亲不在家。母亲忙活了整个上午把家里收拾干净。家庭主妇并没有仆人可以使唤。正因没有人服侍，食物可以在起居室准备。因为主妇有权利在起居室而不是厨房里度过她的时间。

这样的安排需要把烹饪过程分解成两个截然不同的部分。其一是在火上的，在灶台上的操作。其二是准备工作及餐具的清洁。第一部分会在灶台所在的起居室完成。当然灶台一定会放在居住者们尽可能看不到的地方。

这个问题的解决方法全部都是美国发明的！我最近才在一张报纸上看到一张照片，或者更像是两张照片。一张照片展示了一个被安置在壁龛中的灶台，另一张照片展示了一张写字台。这是同一个壁龛：按一下按钮，这个装置就会按照需求被电力驱动像天主教的帐幕盒一样转动打开。

但是这样一种安排在技术之外还有更多的要求。它要求不惧怕烹饪的人。我们都在烹饪面前感到些许害怕，奥地利农民、英国人和美国人所没有的一种感觉。我们惊讶于如今酒店餐厅里的开放式厨房在进食的顾客眼前进行烹饪。在战争时期我们称呼这样的房间为铁锈房，今天又称之为烧烤房。但单纯的迁居者会称之为起居厨房或烹饪房间，并把它打理得像英国贵族那里一样高贵，或者像奥地利农民那里一样日常。

想迁居的人必须重新学习。我们必须忘记城市租赁住房中的生活方式。如果我们想在乡下生活，必须向农民学习，看他们是怎么做的。我们必须学习怎样生活。

家具的废除

（1924）

亲爱的朋友们，我要告诉你们一个秘密：根本没有现代的家具！

或者，更确切地说：只有能移动的家具才有可能是现代的。一切靠着墙固定住的，也就是不能像它的名称所暗示的那样移动的家具[1]，都不能算作真正的家具：传统的木箱、大柜子、玻璃箱和餐具柜今天已经完全不存在了。人们之前不懂这一点，由此产生了所有的谬误。人们当时觉得，大柜子和餐具柜是在任何时代都入时、合宜的，因此人们有必要把这些东西改造得适合当下。这是一种错误的想法。因为现在根本不再有大柜子，也不会产生现代的大柜子。这些不能移动的家具是储物家具。在餐具柜里储藏着餐具，在大柜子里储藏着衣服。这些储物家具曾经是体面生活方式的标志。这一家的财富会通过木箱和柜子直观地展示给来访者。这样一个餐具柜收纳了居住者所有的玻璃、陶瓷、银质餐具储备。多美好啊！一个高高的祭坛在餐室最好的位置熠熠生辉，最妙的是，在柜子里立着几只喝烧酒用的玻璃杯。我经常对我的学生们说：越普通的家庭，会有越丰富越大的餐具柜。在国王那里当然压根没有。

---

1 译注：德语中"家具"一词为 Möbel，来源于拉丁语中的 mobilis，意为"移动的"。因此德语语境中家具一词具有与固定物（如"不动产"）相对的意义。卢斯在此借用其语源表达对移动式家具的偏好。

老派的家庭主妇这时候会担心地问，那么她应当把这些东西放到哪里去呢？在从厨房到餐室的路上有一系列的空墙面、窗台和用软木门封闭的壁龛，这些地方提供了储藏玻璃和陶瓷餐具的可能性，比大进深的餐具柜实用得多。玻璃杯和碟子不用再前后堆叠了。

而将大柜子作为富丽堂皇的物品放在房间中，用来存放衣物就更不现代了。人们觉得：一个大柜子无异于昂贵首饰的盒子。现在让我们考虑一下作为存放场所的大柜子和我们的现代衣物之间产生的不和谐。柜子是被雕刻和镶嵌的，衣物是简洁的。法国勋爵的衣橱间和他的带有闪亮纽扣的衣物之间有一种相似性；用箱子和柜子装点房间，通过其富贵暗示那些昂贵的储藏物，属于那个时代的精神。但是，摸着你们的良心，我的朋友们，你们难道不觉得这对于今天的人来说是一种恬不知耻吗？！

就连建筑师，我是指那些现代建筑师，也应当是今天的人、现代人。交给木工和装饰工去制造那些可移动的家具。他们会制作出好看的家具。像我们的鞋子和衣服、我们的皮箱和汽车那样现代的家具。嗨，人总不能炫耀他的裤子说："这是来自魏玛包豪斯 [1] 的！"

---

1 译注：魏玛包豪斯（Weimarer Bauhaus），即包豪斯学校（Staatliches Bauhaus），是一所德国的艺术和建筑学校，讲授并发展设计教育。由建筑师沃尔特·格罗皮乌斯（Walter Gropius）在 1919 年时创立于德国魏玛。学校经历了三个时期：1919—1925 年魏玛时期、1925—1932 年德绍时期和 1932—1933 年柏林时期。前后有三任校长：1919—1928 年的沃尔特·格罗皮乌斯、1928—1930 年的汉斯·梅耶（Hannes Meyer），以及 1930—1933 年的密斯·凡·德·罗。1933 年在纳粹政权的压迫下，包豪斯宣布关闭，同年魏玛共和国结束。

今天那些不现代的人成了日益式微的少数。他们之中首先是建筑师们。在艺术工艺学校里他们被人工培育。虽然在我们的时代把人们带回以往时代的水平非常荒诞，但人们无法因此发笑，它带来了许多灾难。

真正的现代建筑师应当怎么做呢？

他应该设计这样的房子，其中所有不能移动的家具都隐藏在墙体里。无论是新建还是改造。

如果建筑师是现代人，那么所有的房子早就都设置墙体柜了。英国的墙体柜已经有几百年历史。19 世纪 70 年代以前在法国平民的居所中也都有墙体柜。但一种错误的橱柜建筑学的复兴废除了这一现代成就，现在即便在巴黎人们也只建造没有墙体柜的房子。

黄铜床、铁艺床、桌子和椅子、软垫沙发和补充座椅、写字台和吸烟台，所有这些我们的匠人（从来都不是建筑师们！）以现代方式制作的东西，可以由每个人依据自己的期待、品味和偏好置备。所有这些都能互相搭配，因为它们都是现代的（就像我的鞋子与我的外套、帽子、领带和雨伞相配，即便制作这些的匠人们互不相识）。

一幢房子的墙面归建筑师管。在这个领域他可以自由发挥。和墙面一样，那些不能移动的家具也是他负责的部分。它们不能显现出家具的样子来。它们是墙体的一部分，并不像那些不现代的华丽家具一样拥有自己的生命。

装饰与教育
（1924）

答调查问卷

尊敬的教授先生！

您的请求对我而言来得正是时候。

世上有应当闭口不谈的真相。往多石的地面撒种子是一种浪费。二十七年以来我因为这个缘故避讳言说的事情，在您的问卷里变得可以谈论。

自始至终我都带着内心的愤怒旁观着我们的绘图课程改革。但是，人类仿佛法国的古典主义般重拾了理性。那么现在也该来谈谈了。

教育意味着帮助人脱离原始状态。人类的发展耗费了几千年，而这个过程又会在每一个孩童身上重演。

即便不身为父母和阿姨，我们也都知道，每一个孩子都是一个天才。但是巴布亚人的天才和六岁孩童的天才，如今对人类是无用的。现代的绘图课程是为了塑造出什么呢？一个傲慢无礼的人，站在艺术品前，在某种程度上正确地宣称，这样的东西他在学校里也做过。我说"某种程度上正确"，以此暗示孩子和天才的深刻问题。多少家长被误导，根据这种现代方法的结果，相信他们的孩子有艺术的天赋！

而过去的方法，教育出干净利落的绘图者，使他们能作为制图员或名片雕刻员做出宝贵的贡献，这种方法难道不是更适合建筑师吗？而真正的建筑师根本不能绘画，也就是说用线条不能表达他的精神状态。他称作绘图的行为，只是方便实施的工匠理解的尝试。

我也不想将绘图课程全盘否定。在现代绘图课程中也有很多东西值得赞赏。日常物品的静物画练习对未来的消费者和我们的文化发展是一种很大的帮助。绘画自然物我认为是多余的。未来的养殖者、研究者们会自行完成从日常物品到昆虫的转化应用，森林也不该用对于叶片的准确认知来让人扫兴。通过记忆来绘画当然是重要的。只是应当多注意精确的细节而少注意模糊的整体印象。

我要感谢您，敬爱的教授，您通过这些深思熟虑的问题使我有机会写出长久在我心头的一些话。

顺致我的崇高敬意

您永远的

阿道夫•卢斯

1. 现代人是否需要装饰？

现代人，有着现代神经的人，不需要装饰，恰恰相反，他厌恶装饰。所有我们称之为现代的东西都没有装饰。我们的衣物，我们的机械，我们的皮具和所有日常使用的物品，自法国大革命以来都不带装饰了。只有那些女性拥有的东西带有装饰，这是另一个话题。

只有那些被部分操纵——我称之为没有文化的部分——的物品带有装饰，那些来自建筑师的物品。日常物品在建筑师的影响下被生产出来的时候，就变得不入时，也不现代了。这当然也包括那些现代建筑师。

个体的人是没有能力创造出一种形式的，建筑师也不能。但建筑师不断重复地尝试着这件不可能的事，也一直得到消极的结果。形式或装饰是整个文化圈的人无意识的共同作业的成果。与之相对的是艺术。艺术是天才的个人意志。神赋予他这样的任务。

把艺术浪费在日常物品上，这是缺乏文化的。装饰意味着更多的工作。18 世纪有虐待者将多余的工作强加于人，这对现代人来说是陌生的，更陌生的是原始民族的装饰，始终带有宗教的、情色象征的含义，因其原始性有别于艺术。

没有装饰并不意味着没有魅力，而是显现为一种新的魅力，使物品变得生动。就好像停止嘎吱作响的磨坊反而能把磨坊主叫醒。

2. 装饰作为文化缺失的表征是否应当被排除在生活，特别是学校教育之外？

装饰会自行消失，而学校不应干涉这个人类自其伊始便在进行的自然过程。

3. 是否有需要装饰的场合（出于实际的、美学的或教育的目的）？

有这种场合。装饰的实用性功能既是使用者（消费者）的问题，也是制造者（生产者）的问题。只是消费者是主要的，生产者是次要的。[1]

从心理学角度看，装饰原本是出于减轻工人工作的单调而产生的。对于每天在震耳欲聋的工厂噪声里，在织布机前站八个小时的妇女来说，如果不时有一条彩色的线织进来，她们会把它当作快乐，当作一种解放。这条彩色的线构成了装饰。我们现代人中有谁会觉得丰富多变的面料图案是不现代的呢？

在工厂生产中，人们称创造出这种装饰的人为设计师（dessinateur）。

---

1 原注：我把人们对消费者和生产者之间的误解归罪于德国人。德国人并不知道人性的共同意志，迫使生产者制作出所有的人要求的形式。德国人认为生产者将自己的形式强迫给他，这是一种时尚的暴政。他们出于奴隶天性感觉到自己被奴役，由此尝试以牙还牙。他们为了创造出德意志的时尚建立起了协会——已经有了维也纳工坊和德意志制造联盟——以便于以这种方式将其形式意志强加给人类。"世界应当借由德国性恢复过来。"它应当，但它并不愿意。世界想要自己形成生活方式，而不是被某些生产者联盟强加。而正是生产者容克地主阶级使德国的社会民主忘记了，工人也是消费者。而比每周工资多少更重要的，是去研究工人能用每周工资换取哪些东西。

但他们实际上并没有创造这些图案,而是根据潮流和需求将其组合在一起。学校并不需要刻意培养未来的设计师们。他们自己会形成。

二十六年以前我宣称过,随着人类的发展,日常物品上的装饰会消失,这是一种不断向前行进的发展过程,像口语中尾音节元音的省略一样自然。但我从来没有像夸张的纯粹主义者那样,表示应当把装饰系统地、彻底地废除。我只是说,一旦装饰由于时机恰当而消失,便不会再次回归。就像人一旦在脸上文身便无法消除。

日常物品的寿命取决于其材质的耐久度,其现代价值也在于它的结实程度。一旦对日常物品滥用了装饰,便缩短了它的寿命,由于它被降格为时尚,便只能提早死去。这种对材质的谋杀只能由女性的心情和野心负责,因为服务于女人的装饰将永存。织物或地毯之类持久性有限的日常物品,仍旧服务于时尚,因此它们是需要装饰的。

现代的奢侈品也展现出精巧珍贵的点缀,以至于装饰在美学上不再被认为有价值了。而女人的装饰从根本上与野蛮人的装饰相符,带有情色的意味。

是否仍有诚实的、符合生活的装饰可以作为学校教育的一部分?

我们的教育基于古典训练。建筑师曾是懂拉丁语的砌墙工人。而现代的建筑师似乎更像是说世界语的人。绘图课程应当从古典装饰出发。

尽管有语言和边界的区别,但是学习古典实现了西方文化的共同性,放弃它意味着破坏了这最后的共同性[1]。因此不应只关心古典装饰，也要学习柱式和线脚样式。

罗浮宫东立面的塑造者佩罗是一名医生。在路易十四为此展开的竞标中，他胜过同时代所有的建筑师们中了标。即便这个案例显得孤立，但每个人作为消费者一生都在跟建筑打交道。

古典装饰在绘图课程中扮演了和语法同等的作用。用贝立兹教学法[2]教拉丁语是无益的。灵魂的培育，我们的思想的培育，得益于拉丁语的语法，或者进一步说归根结底每一种语言的语法。古典装饰给我们的日常用品的塑形加入了教养，培育了我们和我们的形态（尽管有人种和语言的差异），带来了形式和美学概念的共同性。

它也给我们的生活带来了秩序。希腊回纹[3]（图 25）带来了精确的齿轮花纹！蔷薇花饰[4]（图 26）带来了精确的中央开孔和准确削尖的铅笔！

---

1 原注：不久以前，巴黎的哲学系院长布鲁诺特，奇怪地否认了古典精神的价值，并力称现代性。而最现代的国家，美国，它的总统卡尔文·柯立芝（Calvin Coolidge）用一次很长的演讲为古典教育辩护，而将这次演讲内容翻译成法语的译者爱德蒙·德·波利亚克公主，资助了巴黎大学一笔旅行奖学金，使学生可以去希腊做一次为期四个月的访问。
2 译注：德国移民马克西米利安·贝立兹（Maximilian D. Berlitz）在罗德岛创办了贝立兹语言学校，采用了革命性的教学方法，用互动、游戏性的学习过程代替了以往的填鸭式教学，这种教学方法即贝立兹教学法（Berlitzmethode）。
3 译注：希腊回纹（der Mäander）是在花瓶、地毯或其他手工艺品、服饰、建筑中出现的波浪形的线性装饰或条纹。它来源于拉丁语 Maeander，从希腊语的河流名称 Maíandros 而来。这条河现在被称为大门德雷斯河。
4 译注：蔷薇花饰（die Rosette），圆形装饰元素，图案从自然蔷薇花形抽象而来。以几何形状、螺旋和花叶装饰。在公元前 4 世纪的埃及便已出现。

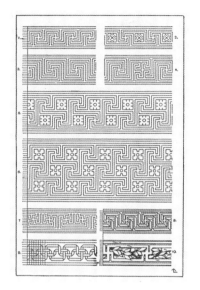

图 25 希腊回纹

图 26 蔷薇花饰

4. 这些问题是否能在教育实践中妥善而全面地解决，或者应当采取一种渐进式的变革和过渡，以适应不同文化发展水平（城市—乡村；儿童—成人；建筑业、制造业、农业、商业；小规模家庭作坊等）？

所有的儿童都应当接受同样的教育。不能在城市和乡村之间有所区分。手工业对于乡村的女性来说是不可缺少的，对于城市女性来说有时也是家政间隙愉快的休息。绘图课程既忽视了本国农民的技术，也忽视了城市女性最现代的制作品。彼者由传统，此地由时尚，决定了技术和形式。

欣喜农家情怀的具有本国特性的人，请跟随我。那些绘图教师笨手笨脚，就像瓷器店里的大象一样。

所有应用技术的形式都是由实践的进步决定的。

阿诺德·勋贝格[1] 和他的同时代人
（1924）

《古雷之歌》[2]，这部最新的作品！到底要如何解释？如果勋贝格（图
27）真的要对他最近几年的工作负责——这是毫无疑问的——他要怎么面
对《古雷之歌》？他难道不应该羞于承认吗？而我们所看到的恰恰相反。
我们看到，他亲自排练并指挥。给我们解释一下这个矛盾吧！"

敬爱的听众，这么说是不恰当的。没有人应当羞于承认自己创造的东
西。工匠和艺术家都不会。鞋匠和音乐家也不会。公众感受到的形式上的
差异，隐藏在创造者身上。一个老师傅在十年前制作的鞋子是好鞋子。为
什么他应该对此感到羞耻？为什么要羞于承认它？"您不要去看那个糟糕
的东西，那是我十年前做的！"这话只有建筑师说得出口。但我并不把建
筑师算在这类人里面。

手工艺人无意识地创造了形式。形式会通过传统延续下来，贯穿手工

---

1 译注：阿诺德·勋贝格（Arnold Schönberg，1874—1951），奥地利作曲家和音乐理论家。
2 译注：《古雷之歌》（Gurrelieder），勋贝格创作的大型清唱剧音乐作品，由 1900
年起开始构思，直至 1911 年 11 月才正式完成。乐曲从丹麦作家雅各布森（Jens Peter
Jacobsen）于 1868 年创作，但直至他逝世时亦未完成的诗集《盛开的仙人掌花》（丹麦语：
En Cactus springer ud）中的《古雷之歌》（*Gurresange*）中获得灵感。勋贝格依据由罗拔·
亚诺翻译的德文译本，把诗歌内容放进音乐内。

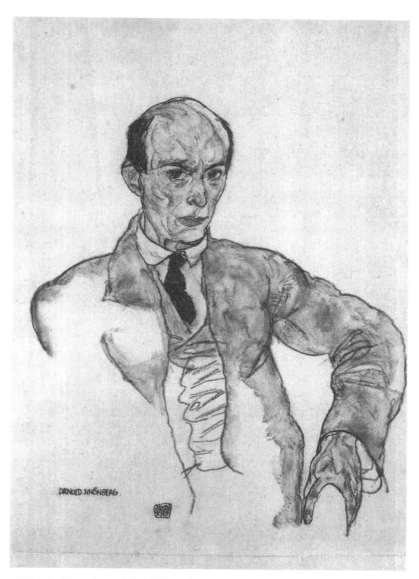

图 27 席勒〔Egon Schiele〕所作的勋贝格像

艺人一生的形式演变，并不依赖于他自己的意志。他的顾客会变——他们年岁渐长——会给他传递意见，于是产生了变化，消费者和生产者都会产生的一种无意识的变化。师傅在老年制作的鞋子和他年轻时不同。就像他的笔迹在五十年间也会变成另外一种。就像所有人的笔迹都会同等程度地变化，而所有书写者都会参与这种变化，以至于人们可以轻易地借由字体的形态判定其属于哪一个世纪。

艺术家是不同的。他没有雇主。给予他任务的是他自己。

他最初的作品常常是他的环境和意志的产物。但对于那些耳聪目明的人来说，在这最初的作品中已经包含了这个艺术家的整个一生。

鳄鱼看见一个人类胚胎会说："这是一只鳄鱼。"人类看见同样的胚胎会说："这是一个人。"

鳄鱼听《古雷之歌》会说："这是理查德·瓦格纳。"但人类在三个小节之后感受到了前所未有的新东西，会说："这是阿诺德·勋贝格！"

从来如此。每一个艺术家的生命都会遭受这样的误解。他最独特的本质是同代人无法了解的。神秘的特质一定被视作陌生的东西。一开始同代人用类比帮助自己理解。一旦新的事物、艺术家的自我，完全显现在他面前，他便尝试用嘲笑和愤怒掩饰自己的拙劣。

伦勃朗学徒时代开始的作品就为我们所熟知。他当时已经是一位有名的画家。然后他画了《夜巡》。人们愤怒地咆哮："为什么他现在画得不一样了？……这不是那个有名的伦勃朗了，这是耸人听闻的乱涂乱画！"

这位大师感到吃惊，他并不明白观众的意思。他看不到那些观众看到的东西。他根本没有改变自己，没有做什么新的东西。三个世纪之后观众才终于认可了大师。

这确实不是一个新的伦勃朗，而是一个更好、更强大、更有力的伦勃朗。后人翻阅伦勃朗的作品时，完全看不到同代人断定的割裂。在学徒时代的画作中就已经包含了整个的伦勃朗，我们惊讶于这些画作中蕴含的革命性当时是如何被没有异议地接受的。但鳄鱼也只能看见鳄鱼。

需要我再举一些别的例子吗？贝多芬的人生轨迹？难道忘记了人们当时把第九交响曲视作大师耳聋造成的失败作品？如果不是法国人为这位被当作是"疯了"的德国大师说话，我们可能永远地失去了这件杰作！

也许需要再有几个世纪的时间，人们才会感到疑惑，当年阿诺德·勋贝格的同代人到底是为什么焦虑得想破了脑袋。

现代住区（讲座）
（1926）

我不知道我今天要讲的内容是否符合你们对住区的理解。我曾在斯图加特的一个住区参加过导览，但那里和我今天将要阐述的住区的概念一点都不相像。我在那里看到的是非常好看的中产阶级房屋。而我要讲的，则是在工厂工作的工人所住的住宅。

在 19 世纪 60 年代的莱比锡，有一个待人和善的医生丹尼尔·施雷伯[1]。他同情工人阶层孩子的生活，提议父母们联合起来，以大约十个到二十个家庭的规模，在城郊租下一小块草地。它会变成一个儿童游乐场，而父母们可以在草地周围搭起一些小棚子，晚上他们在下班之后可以围坐在里边，以避免在条件恶劣的街区度过夜晚，或者避免男人被迫离开家庭去小酒馆过夜。这个建议被实施了。然后发生了什么呢？父亲们拿起了铲子，把草地铲开，破坏了孩子们的乐园，然后开始种植东西，种蔬菜，或者种树，简直出于一种魔鬼般的对于破坏的快感。他足够恶毒，以至于剥夺了孩子们的游乐场。难以置信他是被何等的魔鬼所驱使……

---

1 译注：丹尼尔·施雷伯（Dr. Daniel Gottlob Moritz Schreber，1808—1861），德国医生，莱比锡大学教师。园地运动（Schrebergartenbewegung）以他的名字命名，但他并非设计者。他的同伴豪斯希尔德校长发起了第一个施雷伯团体，其实是一个学校团体，让学生和他们的父母一同劳作。

每一种人类的劳作都由两部分组成。不是每一种——我说错了——而是大部分人类的劳作都由两部分组成：破坏与制造。而破坏的成分越大，甚至当一种劳作完全由破坏构成时，那么它便是真正人性的、天然的、高尚的工作。绅士的概念不外乎此。绅士就是只借助破坏来完成工作的人。绅士来自农民阶层。农民只从事破坏性的工作。如果是渺小的工作，如果是最平常的、最普通的工作，那么那些从事着这样工作的人会散发出光芒来。在矿场工作的男人，隔绝于阳光，从事着最低微的工作，他拿着铲子，从大自然母亲那里铲下一块又一块，无论是矿石、盐块还是煤炭。在德语的诗歌艺术中，矿工是在所有阶层中最崇高的。法国人在他们的诗歌中并没有这样的对矿工的崇拜。但当让·饶勒斯[1]的纪念墓碑被放置在巴黎先贤祠里的时候，我恰巧在场，人们请来了他故乡的矿工们——饶勒斯来自一个矿工住区。成百的矿工抬着巨大的灵柩台从众议院穿过整条圣日耳曼大道，一路送进先贤祠。那是一个大约十米高的灵柩台，像我现在所在的这个演讲厅一样大。矿工们抬着那个灵柩台，没有一匹马帮忙。人们陷入对这场游行的狂热中。这大概是有史以来最伟大和最美的人民游行。空气中填满了百万巴黎人的叫喊："停止战争！"而抬着灵柩台的不是裁缝，不是鞋匠，正是矿工们。

贵族所来自的农民阶层，用他们的铲子或犁具在土地上增添伤口；他们通过挥霍的方式播种，然后收获永恒大自然的果实，并没有做出什么创造性的工作，只是用镰刀。你们中有谁没有见过如何收割的，又有谁没有

1 译注：让·饶勒斯（Jean Jaurès，1859—1914），法国历史学家、社会主义领导者。

过那样的冲动，哪怕没有回报，也想拿起一把镰刀帮忙收割。谁又没有过冲动，想要拿起一把铲子插入地里，或者拿过清道夫手中的扫帚，自己去扫？谁又没有过破坏的冲动？砌墙工——根据官方证件，我也属于这个职业——只有在把鹤嘴锄凿进墙里，然后用尽全力端它来破坏的时候，才觉得爽快。当十二点的钟声或哨声响起的时候，砌墙工会放下他已经拿在手里的砖，但是如果他是在用鹤嘴锄砸墙，那么他工友们的呼唤也不能让他放下手中的活儿。别人已经在食堂吃饭了，但他还待在那里，一定要等到这块墙耗尽他最后一丝力气才放手。裁缝拿着剪刀裁布，这是他工作中高贵的、人性的部分。裁完布之后便要把布缝起来，这是不愉快、费力、反人性的工作：制造。我们知道，如今有裁剪和缝制的分工。裁剪工因为其破坏性的工作有一定的社会地位。而那个叉着腿坐在缝纫机前只从事缝制工作的人，是没有社会地位的。我在这里描述了什么东西呢？分工的开始。由此整个阶层的人被注定只能从事制造性的工作。这些人必定会在精神上和灵魂上灭亡。

那个破坏了孩子们的游乐场的父亲，是被拯救人类自己的冲动所驱使。

现在当然已允许那些施雷伯园丁在毗邻他们园地的地方居住，也就是说，允许他们搭建住房。由此我要提出一个奇怪的要求。不是所有的工人都有权利拥有房子和园地，而只有那些想要耕种园地的工人才有权利。你们可能会有异议，觉得并没有必要那么严苛，禁止工人拥有一个小小的带有草坪和蔷薇的观赏花园。但我如果不那么严苛，便会冒渎现代精神了。卢梭，18 世纪最现代的人，在他的教育小说《爱弥儿》中描绘了当时的年轻人——也就是一百五十年前的人——是如何被教育的。男孩爱弥儿有一个以最现代的方式教育他的老师。这种教育方式在我们看来太可笑了，根据现代观念是不可能给每一个男孩分配一个家庭教师的。孩子们必须在学校上课，如果有谁让他的孩子在学校外上课，由一个或两个、三个、四个人同时任教，便是与现代精神背道而驰。现代精神是一种社会性的精神，反社会的精神是不现代的。正像这样，对大自然的喜悦并不能通过每个人拥有一个花园就得以满足。就像孩子们得去学校一样，人们要去开放的大自然中愉悦自己。我们没有能力给每一个人分配一个花园或者哪怕仅仅一棵树。他要去一个公共的花园，去一个公共的草木学堂。因此拥有一个私人的花园是反社会的。这些观点对于今天的听者来说并不能完全理解，但是在五十年或六十年之后，它们会变得相当普通，以至于人们甚至都不会再讨论它们。像我一样想要避免革命的进化主义者，应当时刻记着：个人拥有花园会产生刺激影响，任何一个没有遵守的人都要对或将到来的每一场革命或战争负责。

现在我说，园地只分配给那些想要耕种的人，也就是施雷伯园丁。施雷伯园丁是快乐的，他有了一些东西可以弥补异常疲惫的日常工作。他在精神和灵魂上又变回了活生生的人。并不是所有的人都能拥有或耕种一块施雷伯园地。一个精密机械师不应该用铲子，他会因此损伤他的手；一个小提琴家不应该用铲子，他会因此损伤他的手。许多精神性的工作使得从事者并不适合成为施雷伯园丁。因此我作为维也纳城市住区管理局的总建筑师提出了要求，只有那些在过往年间表明他有能力耕种一块园地的人，才能够拥有一幢房子。因为所有的人都有意愿，但是只有少数人会坚持到底。那些自愿在每天八小时的日常工作之外还要生产食物的人，应当被提供机会建造自己的房屋。他不能通过公共资金得到房屋，因为在一个人性的社会中不允许有寄生虫。我认为，如果人们想为园丁解决财务问题，可以通过提供公共资金让他得到土地，但是房子需要他自己造。这样一来我当然会和社会民主党产生冲突，他们不想培养地主，但我觉得完全无所谓，因为我并非政党人士。

关于这一点我是这么想的：假设工人阶级有这么两类人，一类人把他们一周所得带到市场上去换取蔬菜，另一类人借助自己的富有乐趣的劳动省下钱来，那么作为一种回报，第二类人可以自力更生建造自己的房屋，并致力于用他们省下来的钱装点园地。

那么这些住区房屋会是什么样呢？

我们希望能从园地的一侧走到户外。园地是主要的，房子是次要的。园地当然是最现代的园地。它应当尽可能小，最大也不过二百平方米，一个迁居者也能耕种得过来。如果园地只有一百五十平方米，那就更好了，因为园地越大，人们就会用越不理性、越不现代的方式来打理园地；园地越小，人们就会干得越经济、越现代。大片园地会阻碍园艺的任何进步。迁居者不应该有诸如"哎呀，我需要草来养我的山羊啊""我需要土豆"的异议。每个人要自己去买草。土豆也是，因为土豆一年一熟，所以园地一年里就无法获得必要的多次收获了。耕种的方法越理性，收成就会越频繁。我们必须在我们的气候条件下努力达到一年共十次到十四次收获，你们可以设想一下，这要求多么辛苦的劳作。

迁居者并不依赖于气候和土地，以及地形本身。不来梅的园艺改革者雷伯热·米格[1]有过一句著名的话："园丁要自己准备好土地和气候。"这句话很奇怪，有违常理。但就土地而言，你们也会觉得有道理，因为现成的土地并不能直接用作园艺用途，只有通过几年的时间，不断施肥，并引入新的土壤和腐殖质才能使其变得可用。巴黎的园丁们由于城市扩张的缘故持续向外迁移他们的园地，他们所拥有的所有财产，也就是他们的土地，会装在车上运走。克鲁泡特金亲王[2]把腐殖质带到磨坊里，加以碾磨，再带回花园。

但是天气呢！我们知道，阳光是园林最大的敌人。阳光已经造成许多危害。世上最宜人的像天堂一样美丽的地域，从两河流域到叙利亚、埃及到整个北非，都被阳光毒害了。它们变成了不毛之地。但是阿拉伯人知道对策。那些有着几千年历史的东方园林，都被围墙围绕，使得风与阳光被挡在外面。

我们的迁居者是怎么做的呢？他会在他的基地周围，在他的园地周围搭起这样的围墙（图28）。

所有的主妇都知道，如果有风的话，洗完的衣物能快速变干。然而园丁并不需要这种快速的风干。我们希望在园地里有湿润的热量。如果地面很快干透，工作量就会翻很多倍。地面应当保持常常湿润，使得土壤微生

---

1 译注：见《学习生活！》一文注释。
2 译注：克鲁泡特金亲王（Fürst Pjotr Alexejewitsch Kropotkin，1842—1921），俄国革命家和地理学家，无政府主义的重要代表人物之一，"无政府共产主义"的创始人。

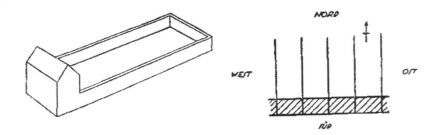

图 28 迁居者园地的围墙　　　　　　　　　图 29 南北向布置的园地

物保持活性，因为这些微生物会坚持不懈地分解土壤。它们就相当于克鲁泡特金亲王的磨坊。而现在米格又要求，在正午十二点的时候阳光能照亮整块园地，在太阳升到最高点的这个时刻，任何园地里都不应产生阴影，由此我们能为所有的人实现同样的光照。因此，所有的园地都应当南北向布置（图 29）。

　　那么在正午十二点的时候就只有阳光明媚的园地。右边和左边有墙。如果两个迁居者把花园合并在一起搭建了围墙，那么有一家的园地早上就会受到充足的西晒，另一家则在墙面上受到充足的东晒，傍晚则反过来[1]。这些墙面上会种植架式水果树。在园子里完全不应该有树。树是反社会的东西。它的影子并非投向需要的那一方，而常常是他的邻居。园子里的树是一种不幸之物，会引发争执。此外，德国人不愿意砍树；美国人则截然不同，无论什么树，一旦觉得受够了，就会砍掉。当你们开车经过莱比锡

―――――――――――――――――

1 译注：此处疑为卢斯笔误。

的时候，能看见很多施雷伯园地：一片果树的荒乱灌木丛，几乎让人无法忍受。这已经不能算作花园了，人们根本无法从中受益。他们顶多来园子里采摘成熟的李子和苹果，然后就不管这个园子了。一整年也不会有一个

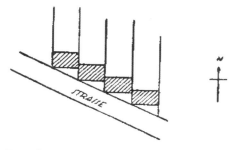

图 30 房屋在沿街面呈锯齿状排布

人愿意踏进这个园子。园子变成了原始丛林。因此不能种植任何树木，只有架式水果树例外。

即便规划图纸不允许所有街道东西向排布，所有的花园也应当南北向设置。房屋会在沿街面呈锯齿状排布（图 30）。

迁居者的房子应当以园地为出发点进行设计，究其原因，我们不要忘记：园地是首要的，房子是次要的。

我们先来想想，一个房子中哪些空间是必要的。

首先是厕所。在迁居者的房子里不应该使用抽水马桶，因为整个家庭的垃圾以及所有人的排泄物是耕地所需要的。重要的是，要有一种桶式系统，绝对不能挖一个大粪坑。绝对不行，这是反社会的。如果这样一个坑每半年要清理一次，那么你们可以想象，会有怎样强烈的恶臭散发出来，不仅拥有者遭殃，整个社区都要承受这恶臭。如果今天这一户、明天那一户来清理这样的粪坑，那么整个社区就无法摆脱这样的恶臭了。不能这样，

应把桶每天都清理干净，污秽物都倒在最新的肥料堆上，然后及时铲走。这能使整个社区保持没有异味。需要设置三个肥料堆，每一个需要静置一年时间，使它能够完全发酵。桶里的东西绝对不能直接倒在可怜的蔬菜上，尤其倒在花椰菜上会闻起来很刺鼻。

因此厕所完全不能设置在房子内部。英国有一条规定，禁止从房子内部进入厕所，可惜这条规定在德国还没有。它可以在平面图上属于这个房子，但是门必须朝室外开。如果能借助雨篷或二楼的悬挑遮蔽使得去厕所的路不受雨淋，对居住者来说就更好了。害怕着凉，或者别的城市的人的挑剔不满，在这里是可笑的。美国百分之八十的居民以这种方式走去厕所。即便寒冷地区也是如此，那里的人们还过着一种遵循自然的生活方式。借助下水道运走居住者所产生的宝贵肥料是不可取的。我们应该向日本人学习，他们在被邀请进餐的时候，以在主人的厕所里如厕来回礼。

然后我要对着院子设置一个开放的棚子，存放工具和设备。需要为动物，比如家兔和鸡，准备一个牲口棚。我建议每一个迁居者都应该养一些家兔，它们很经济，可以消耗大量蔬菜残渣，不然那些残渣就浪费了。鸡需要有用铁丝网围绕的、尽可能大的独立出入口。

因此，人们不应该也不能直接从房子里进入园地，而是先进入一个农院，工具棚和牲口棚分列左右。园地本身由一个靠墙的工作区开始，那里放置着肥料堆。一个工作台和给不同蔬菜准备的园土容器构成了工作区。在朝着房子的农院尽头有一个给主妇使用的工作台，抬高两级台阶，部分被覆盖。这个门廊应该连着洗碗间。洗碗间是一个奇怪的现代事物。这个名字表明在里面并不会烹饪任何食物，而只是进行烹饪和家务所需的任何准备和善后工作。现在碰到了一个重要的问题：厨房还是起居厨房。我要立即表明对起居厨房的支持，这是从纯粹进化论的现代观点出发的。

反对起居厨房的首要意见往往是：我们想要一个不会散发出异味的房间。至于异味是哪里来的，人们会跟我说：是烹饪导致的。而对于人们的膳食来说，以一种不会散发异味的方式烹饪会更理想。确实有办法在烹饪和进食的任何房间都抑制住异味。我无法理解为何菜肴一定会散发出令人不愉快的气味。比起普通家庭，那些优雅体面的家庭中会更多地在餐桌上烹饪。整桌早餐都可以在餐桌上准备。用酒精炉或电炉可以烹调鸡蛋、猪腿肉煎蛋、牛排——有代表性的气味宜人的食物。前一天晚上刚刚吃过的花菜或酸菜就不需要有了。越来越多的餐馆把烹饪放在宽阔的餐室里进行，那些新建的配备大型烤架的大型餐馆，会让厨师们在进餐者眼前操作，所有人都能看见食物是如何被制作出来的。这样的餐馆越多，人们也会越来越喜欢去那里。人们喜欢观看烹饪过程，将来有一天也许在所有的餐馆里厨房都会和餐室融为一体。在法国已经有很多人在餐室里布置了灶具。波烈[1]这位现代的女装设计师，也让人造了一个。我自己在巴黎的若干个房子里设计了烤架，一种能烹饪所有食物的大炉子。只有那些需要较长时间准备的菜肴会被从厨房端到桌子上。体面的餐馆里会有一个边桌用酒精生火，在上面煎煮烹饪。菜肴尽可能地都在桌边制作。在旁观看是一件快乐

---

1 译注：保罗·波烈（Paul Poiret，1879—1944），法国时装设计师。他是与玛德琳·薇欧奈（Madeleine Vionnet）一起去除紧身胸衣、实现女装现代化的先锋，被认为是装饰艺术风格（Art Deco）的先驱，对 20 世纪时尚界的贡献堪比毕加索之于艺术界。

的事情。如前所述，想要进食得越体面，就应该越多地在桌边烹饪。我疑惑不解，为何平民百姓不能享受这么好的东西呢？几千年以前所有的德国人都在厨房进食。整个圣诞节的庆祝活动都是在厨房进行的，厨房是最美好和最合适的房间。在如今的英国庄园里仍然如此。只消想想《匹克威克外传》中对于圣诞节的经典描写。人们知道得很清楚，孩子们为何最喜欢待在厨房。火是美妙的。火的温暖充盈着房间和整个房子，热量毫无损失。厨房温暖了整个房子，而火理所应当是整个房子的中心。英国人喜欢坐在火边。仍然是一种毁坏性的快乐在吸引着这些英国人到炉边坐下，观看一截又一截木柴燃烧殆尽。出于这些原因我设计了那些起居厨房，以减轻主妇们的负担，与让她们不得不在厨房度过烹饪的时间相比，让她们对住所占有得更多。洗碗间用来清洗餐具和蔬菜之类。当人们从菜园进入房子的时候，不会总是把身后洗碗间的门关上。在温暖时节，可以露天进行厨事，户外搭一张桌子，在上面洗豆子，剥生菜，切甜菜，门完全打开着，有时是整日整夜。因此把洗碗间朝菜园设置是至关重要的。洗碗间不一定要朝南，但起居厨房出于照明的考虑一定要朝南设计。因此一幢房子最好是在街道的北侧，这样起居厨房可以朝南设置，与此相对，洗碗间就朝着花园，也就是向北。

街道的另一边也要造房子。事实证明，负责绘制规划图纸的人需要把这一边留得宽一些。因为对于这一侧的房子来说，街道在北边，菜园在南边。起居室必须获得充足的阳光，洗碗间必须朝着菜园。因此两者都必须在南边。对于绘制规划图纸的人来说，有一点是至关重要的：道路以北的地块只需要五米的面宽，而道路以南的地块则需要足够宽来并

排放下洗碗间和起居室 (图
31)。

对建筑师们来说也就
意味着，在其中一种情况
下（道路以北）在两堵防
火墙之间跨梁就足够了。
据我所知，德国的标准梁
宽是五米，这样不会浪费
木料。在另一种情况下则
或者在外墙之间跨梁，或

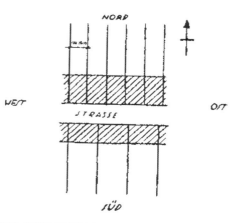

图 31 街道南北两侧的房子需要不同的面宽

者仍然利用防火墙，再于每两堵防火墙中间加进一道大横梁作为支撑。通
过这样一个简单的考量，人们可以节省许多精力和思考时间。

总之，首先我们要有一个厕所，然后是工具棚和牲口棚。我们有洗
碗间和一个起居室，还有，不要忘了，一个尽可能大的食物储藏间来存
储所有的水果和蔬菜。另外我们有一个街道侧的入口。底楼就设计完成
了。不需要地下室，完全多余，并且它会让整幢房子的造价变得十分昂贵。
这是经验已经证明了的。地下室是中世纪的布置。人们一直以为白菜和
土豆最好放置在地下室里，但它们在底楼也是一样的。洗碗间放在底楼
比放在没有暖气、潮湿污秽的地下室好多了。当考虑到用来睡觉的房间，
我要首先声明，睡觉和起居一定要互相分离，不能把它们混合在一起。
睡觉在整个日常生活中的地位要尽可能低，应当在最小的房间里进行。

卧室绝对不能诱使人们在里面起居。在卧室里脱衣服，躺到床上，睡觉，起床，穿衣服。这样卧室的功用就完成了，在白天并不需要再进入。起居和睡觉的混合在德国和奥地利是常见的。甚至我们有时能见到，餐室有一对完全打开的双开门，透过门可以看见卧室里的两张床。在美国没有人的卧室会有一个门直接通往起居室，他们认为那是一种卑微、恶劣的生活环境。

在英国还存在个别老房子，但美国并没有那么老的房子。卧室之间不应该连通。每一个卧室都应该是独立的，像旅馆的房间一样。在英国孩子们有一间自己的卧室，而在我们这里，父母说他们必须要能看进孩子们的卧室里。这是不对的。如果从最小的时候开始就可以独立睡觉，那么孩子们会变得更加独立，德意志性格能得到加强。他们完全没有必要在晚上被观照。

于是在顶楼需要设置三个房间，分别作为父母、男孩和女孩的独立卧室。如果家庭组成还不需要这样的配置，那么卧室要先设计得大一点。永远不能说"我们只有男孩"，或者说"我们只有女孩"，家庭成员是有可能增加的。迁居者的房子应当能适应将来所有的可能性。隔墙不一定要立即布置好。房间可以一开始先设计得宽敞一些，但当孩子们长到一定的年纪时，父母就可以考虑做一道隔墙了。因此在楼上的房间应该这样分配，即墙体与楼下的房间毫无关系。也可以用柜子来分割空间。也不是一定要立即装上门，一开始也许装一条窗帘就够了，就像房子本身也是一点一点逐步形成最后的样子。让迁居者住进装修完毕的房子，并让建筑师们绘制好所有的家具，是完全错误的，应该用相反的方式对待迁居者，让他们一点一点地购置家具。房子是永远不会完成的，永远有可能会增加一些什么。在我战后在巴黎出版的一本德语书里，收录了一个我写于 1900 年的《可怜的小富人》的故事 [1]。其中我描写了一幢被建筑师们布置完毕的房子，不需要再购置任何东西，因为一切都准备好了。这些房子不应该是这样的。我不赞成为一对还没有孩子或孩子还未成长为青少年的年轻夫妇提供已经完全配置完毕的卧室。建筑师应该用虚线画出房间分割的不同可能性。开始的时候先在窗洞和门之类的地方挂上窗帘，以后可以在里面增加需要的东西。为了这个目的，楼板的强度应该被设计得足够高，以承受将来隔墙的负担。

而我要怎么到达这些房间呢？这里又出现了一个问题：应该直接从街道进到楼上还是应该先进入起居室、起居厨房，再从起居厨房走到楼上？我选择了内部的入口。我觉得像德国常见的那样从街道通过特别的前室进入卧室是不对的。这样会特别容易诱使把楼上的房间出租。而如果想到租户会横穿过公共的起居室，房主就不会考虑出租了。他不想在他的房间看到陌生人。另外还有几点。如果我把楼梯设置在起居室，就像大厅里的楼梯一样，这样我就能获得一个大空间。就像在每一个出租公寓里入睡前会做的那样，只要在入睡前敞开通往楼上的门，热量就会往楼上的房间移动，楼上房间的加热就以这种方式完成了。这样我就能在半小时后离开家人聚集的餐桌，然后上到温暖的房间里去，并不需要

---

1 译注：收录在《言入空谷：卢斯 1897—1900 年文集》中。

一套单独的暖气设备。由此家庭生活的品质得到了提升。你们所有的人都熟悉这个问题——即便最有钱的中产阶级也在战争时期纠结过：要不要加煤？如果是晚上九点或十点，人们会考虑到煤的花销觉得不值得加煤，而选择挨冻。相反，如果人们知道整晚起效的起居室的热量并不会白白损失，而是会散布到其余各个房间，人们就会在睡前持续使用暖气，因为这样能营造一种愉快的家庭生活氛围，直到入睡前的最后一刻都和家人待在一起。

最重要的是起居室的天花板不能太厚。不需要在木梁顶上铺瓦砾层，散逸的热量会有益于这个家庭的卧室。有人可能会说，如果没有一层瓦砾或黏土会增加火灾隐患。如果一个房子开始起火，那么只能被烧光了。如果烧得火焰已经危及楼板，那已经无可挽回。如果楼板由木梁和钉在它上面的大概三厘米厚的板构成，隔着它能听到楼上有人在走路，这不会惹恼任何人。人们会开心地说："爸爸要去睡觉或起床了。"

我今天跟你们分享的这些小小的观察，也许能帮助某些对他人意见不抱那么强的攻击性的建筑师减轻工作。除此之外，我别无他求。

附录：对个别问题的回答

1. 这房子有浴室吗？

我还没有深入到这些细节。我认为浴室有点昂贵。洗浴应该在洗碗间完成。洗碗间里应该有一个带盖子的洗浴槽，家人可以在里面洗澡。盖子平时应当可以被当作操作台使用。以这种方式可以在每一幢房子里创造一种经济的洗浴场所。在二楼的走廊里也可以设置一个水槽，人们可以在那里用冷水和热水洗东西。

2. 平屋顶还是斜屋顶？

人们要先问自己一个问题：我们为什么有斜顶？有些人相信这事关浪漫和美学。但不是这样的。每一种屋顶材料都要求一个确切的角度。每个建造者都知道，屋顶的角度是由屋顶材料决定的。

除了用石板、黏土或木头制成的小小的板，没有别的方法来抵御雨雪和暴风。浑然一体的屋顶材料当然是最好的。这样的屋顶材料只需要将屋顶做出一定的倾斜角度让水以自然方式排出。在汉堡大火灾之后汉堡市参议院悬赏向全世界征集防火的屋顶材料。有一位来自西里西亚省希尔施贝格[1]的商人，名叫豪斯勒，作为一个并不直接参与建筑工程的人，寄来了一个项目：一块像一整个屋顶一样大的巨型板，浑然一体，木构水泥屋顶[2]。而这个木构水泥屋顶毫无疑问是 20 世纪以来建筑工业最伟大的发明。但是这个从西里西亚省希尔施贝格来的男人发现人们有一种不幸的性格。那是一种浪漫主义者的性格，认为一个房子最美的地方就在于屋顶的斜度。一个屋顶越陡就越美。屋顶一度成为一种美学的事情，19 世纪中期的美学

---

1 译注：西里西亚省希尔施贝格（Hirschberg in Schlesien），今为耶莱尼亚古拉（Jelenia Góra），波兰境内的城镇。

2 译注：木构水泥屋顶（Holzzementdach），1839 年由豪斯勒（Samuel Häusler）发明，平屋顶的前身。构造上将油纸和包装纸用沥青或焦油固定在木框架上粘牢，出于保护屋面和防火的考虑在上面铺一层砂石。

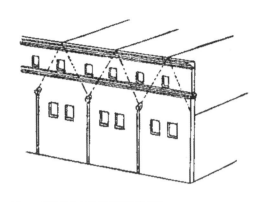

图 32 奥地利仿文艺复兴风格的立面

的事情。假设在文艺复兴发端的那个年代，建筑技工、建筑匠师和建筑师能够使用平屋顶的话，那么这个来自西里西亚的单纯商人就会获得巨大的成功。但是此时有什么不会被当作胡闹呢！一场斜角和水平线之间的斗争将会发生。

　　我不知道在别处是怎样的。当时在奥地利，人们到处建造那种文艺复兴风格的立面，看上去屋顶仿佛是平的，但这只是伪装，因为在它背后是陡峭的人字顶。顶层的窗户是假的，间隔地有一扇山墙窗（图 32）。

　　如果那时候有木构水泥屋顶该多好啊！

　　在 20 世纪 40 年代使用的木构水泥屋顶，直到今天还完好如初，完全没有修缮过。木构水泥屋顶根本不需要修缮。如果在建造工具书中木构水泥屋顶被排除在外，那么编写者想到的一定是被错误铺设的屋顶。首先要知道，必须在整个屋顶外壳上覆盖一层油布，不能跟木模板有接触，因为木材会对干燥或湿润的环境产生反应，从而产生收缩或膨胀。所以新铺设的油布绝对要独立于它。木材能在这样的屋顶覆层之下发挥

作用。一旦屋顶由于错误
的操作被粘死在木头上，
那么它当然会开裂而不再
能修复。人们会看见某处
渗水，但是能看到渗水
的地方，并不是洞所在的
地方。洞在完全不同的地
方。因为其间雨水沿着木

图 33 只盖屋顶的房子

头行进，然后在某处渗出。这样就无法修了。人们又不能用显微镜去找
开口。因此更好的办法是，把有缺陷的木构水泥屋顶彻底拆除，然后造
一个新的代替品，因为木构水泥屋顶生产起来很廉价。它使得屋顶的水
平面成为可能，实现了几百年来人们梦寐以求的东西：一个方方正正的
顶层空间。迁居者们会说："我们需要屋顶，因为我们有干草，需要有
地方存放。"冷静一下！干草放在屋顶空间还是别的什么房间都是一样
的。虽然很愚蠢，但是还是有人会说："喏，放在屋顶空间，我们能以
便宜的方式多拥有一个楼层。"但是它真的便宜吗？谁会盖一层楼的房
屋时想到只盖个屋顶呢？这样不是便宜嘛！但我从来没见过有哪个房子
长成这样（图 33）。

3. 农民要在哪里存放他们的苹果酒？

这是件很重要的事情。法国的农民为此有一个单独的房间，但不是地
下室。那些极度朴实的人有一个酒桶，放在底楼的一个单独房间里。这一

桶酒会在一到两年的时间内被饮用。最朴实的法国人不会买瓶装酒。在法国，酒不会被储藏在阴凉的地方。当然酒已经发酵过了。

至于如何使酒发酵，要靠迁居者们社群合作。所有的人可以共享一个地下室，一个住区应当促成这样的社群合作。米格走得更远，他要求社区有堆肥的公共设施。我认为当下还不能实施这件事，因为每一户堆肥的原材料都太不相同。但我要让你们意识到，农民会随着时间的推移，具有比现在更加社会性的思考方式。将来会产生像法国和瑞士一样的社区关系。从农民是否做奶酪这件事情上，能最清楚地看到农民的社会感。一个人无法制作奶酪，奶酪一定是共同作业的产物。在巴伐利亚有很大型的奶酪作坊，在那里人们集体生产奶酪。在不生产奶酪的地方，多余的牛奶会被拿去喂猪，这是一种不必要的浪费。生产苹果酒也能以这种集体的方式完成，然后把酒桶储藏在底楼。

我忘记说了，餐室一定要特别大，要比城市中的大许多。如果迁居者们让我在他们带来的设计图上看到一个太小的餐室，我会把图纸退还给他们的。餐室可以尽量大。

4. 以上这些要求在公寓楼里要怎样实现？

至今为止我只设计过一幢公寓楼，但没有被维也纳政府采纳。其中所有的户型我都设计成跃层的。这不是我的发明。英国人和美国人早已有这样的租赁公寓，每一户占据十层或二十层大楼的其中两层。人们很重视把起居空间和卧室置于不同的楼面，他们希望通过楼梯把不同的房间分隔开来。这使他们得以想象自己拥有了独栋的房子。人的价值感得到了提升。
这样我们才能理解为什么英国人和美国人在晚饭前换衣服。如果他们不拥
有几个楼层，就根本不能换衣服。当我住在一个度假胜地的酒店里，我能
在晚饭时间很轻松地换衣服，因为我住在二楼、三楼或四楼。我会等到
锣声响起，或者在大厅里待一会，直到有人来叫我吃饭。对于换衣服来说，
这是极大的便利。但是在一个餐室以双开门与卧室相连的公寓里，不可
能有人感觉应当换衣服。很好理解，就像一个在中非旅行的英国人在晚
上六点钟的时候穿上了无尾礼服，坐到桌边。我有一次听一个在澳大利
亚从业的建筑匠师说，他被别人请到在旷野中的家里作客，当男男女女
穿着舞会的礼服出现在他面前的时候，他大吃了一惊。有人告诉他："我
们必须这么做，这是这里唯一能把我们和文明联系在一起的东西。"这
就是这些人的需求，他们借此表达自己属于有教养的人。让工人们也在
晚饭前换衣服，这在我看来是很重要的，特别是从事体力劳动的人更需
要换衣服的物理效应，这种需求比坐办公室的人强得多。坐办公室的人
只需要洗洗手就足够了。迁居者们整天穿着木鞋在菜园里跑来跑去，离
开房子时会换鞋，在进屋时同样也会脱鞋，特别是在晚上。即便不换衣服，
每一个英国人也一定会这么做。他会脱下穿了一整天的鞋，换上家里的
鞋，哪怕穿着燕尾服。

　　我就是这样设想这些跃层公寓的，它们有着一个朝着街道的入口。如
果要对我的计划有所补充，那一定是看上去像梯级房一样的东西，有一个
露天的楼梯，人们可以借助楼梯到达不同的露台，也可以把这些露台称作

高架路，每一个露台都有自己的入口、自己的门廊，夜晚人们可以坐在露天的高架路上休憩。孩子们在露台上玩，不必担心被汽车之类弄伤。这就是我的想法，因为我认为，就像人们频繁地想要读报一样，单独在家的儿童无法接触在外工作的父母——这些最最可怜的人——也会频繁地有到户外玩耍的冲动，他们爬上窗台并有可能因此而坠落到街道或内院里。这样可怕的事件会发生在这些幼小的人身上。通过被保护的安静的露台街道，他们能够整个白天都在家附近的户外度过，并且被邻居所保护。我想以这种方式来关爱这些孩子。

短发
——答调查问卷
（1928）

让我们把问题调转一下。让我们问一下女人们，她们对男人的短发是怎么看的。她们或许会说，这是男人自己的事。在苏黎世有个医院的院长解雇了一位护士，就因为她剪了头发。如果一个女人作为医院的院长，有没有可能因为这样的原因而辞退一个男性护工呢？因为男人的头发就是长的，在古日耳曼，头发会束成一个马尾，中世纪是披在肩头的，在文艺复兴时，为了纪念古罗马的习俗，开始修剪头发。路易十四时期又开始披散在肩上，然后又扎成马尾（我还是在说男人的头发），法国大革命之后是像席勒一样的长卷发披在肩头。拿破仑顶了一个恺撒头。今天的人会称之为妹妹头。以前女人们也会剪短发——为什么不呢？——并把这种特别的发型称为提图斯[1]头。为什么长发属于女性而短发属于男性，对此，以前的女人可能想破头也想不出来。规定女人必须留长发，因为长发能唤起情欲的感觉，并认为女人只是为了创造这种情色的吸引力而存在的，这种想法是多么傲慢无礼！换作是女人，绝对不会做出这样无耻的事情，把内心

---

1 译注：提图斯·弗拉维乌斯·维斯帕西亚努斯（Titus Flavius Vespasianus），史学家通称为提图斯，教会中多译为提多王，公元41年（一说为39年）12月30日—81年9月13日。罗马帝国弗拉维维王朝的第二任皇帝，公元79—81年在位。

隐秘的情色欲望提升到道德层面上。有些地方女人会穿裤子，而男人穿裙子，比如在中国。西方世界是反过来的。但是这些旁枝末节的琐事似乎可笑地与世界的神圣秩序、与自然和道德联系在了一起。做工的女人们穿裤子或短裙，像我们的农民和挤奶工。那些无所事事的女人可以轻巧地穿着裙子走来走去。但是如果一个男人要规定女性的穿着打扮，也就意味着他认为女性是从属性别。他最好关心一下自己的穿着。女人们会处理好自己的事情的。

家具与人
——写给一本手工书
（1929）

当我年幼时第一次踏入奥地利民俗博物馆[1]——在维也纳人们这样称呼工艺美术博物馆，我特别注意到两块厚实的木板，它们被那样组合在一起，通过不同木头的颜色和纹理构成了一幅历史画。我成年之后仍然会想起它。画中的人物等身大小，木板的尺寸为 360 厘米高，373 厘米或 377 厘米宽。我怎么知道得那么清楚？我从汉斯·胡特[2]的传记作品中得到了这些数据："亚伯拉罕·伦琴和大卫·伦琴[3]与他们在新维德[4]的家具工坊"。这正是给生产那些"木制挂毯"的作坊写的。

这本书不仅使我们了解了"本世纪最出色的细木匠人"（百科全书编写者格林男爵在给叶卡捷琳娜二世的推荐信中是这么称呼大卫·伦琴的）

---

1 译注：奥地利民俗博物馆（Österreichisches Museum für Volkskunde），于 1894 年由民俗学家米歇尔·哈伯朗特（Michael Haberlandt）成立，作为民俗协会的博物馆。

2 译注：汉斯·胡特（Hans Huth，1892—1977），艺术史家，曾担任芝加哥艺术学院策展人，专攻家具领域。

3 译注：亚伯拉罕·伦琴（Abraham Roentgen，1711—1793），德国细木匠，橱柜制造商，著名的伦琴家具厂的创始人。大卫·伦琴（David Roentgen，1743—1807），德国细木匠，橱柜制造商，亚伯拉罕·伦琴的长子。

4 译注：新维德（Neuwied），位于德国南部，莱茵兰普法尔茨北部的一座城市。

图 34 大卫·伦琴家具

的生活和作品（图 34），也使我们认识了他的父亲亚伯拉罕并了解了工坊的创立情况。亚伯拉罕·伦琴，莱茵兰人，在荷兰工作过，然后去伦敦生活。区别就在这里。胡特的书里展示了，在工坊被迁移到科布伦茨附近

图 35 齐本德尔椅

的新维德之后，使用了齐本德尔[1]的木刻版画。抽屉也是按照英国式样包有一圈突边，这在德国的木工那里并不常见。

我手捧这本书的时候感到很高兴。大卫·伦琴一直是我生命中的偶像，尽管我对于他的了解只限于知道，他曾以两万卢布的价格卖给伟大的叶卡

1 译注：托马斯·齐本德尔（Thomas Chippendale，1718 年 6 月 5 日—1779 年 11 月 13 日），著名的英国家具工匠，出生于英格兰东北的约克郡。1754 年所著的《绅士和木匠指南》使得他的设计在欧美有广泛影响。齐本德尔式家具的风格，当时是设计界的主流（图 35）。

捷琳娜一张写字台，女皇甚至觉得价格过于便宜而特意提高。没有人会像我一样频繁和绘声绘色地提起这段故事，因为我确信手工艺能够通过这样的认可展现出最大的辉煌。但是像叶卡捷琳娜这样的人似乎绝迹了。

写字台已经完成了，它不可能因为价格压力而变得更差。一旦有了价格压力，下一个作品就会质量下滑！买家一旦自愿提高价格，那么作坊的产品就会理所当然地变得越来越好。因此在贸易中有这么一条原则：顾客能教育作坊。

在这本书里，我得知大卫·伦琴自称英国木工，不，更确切地说是英国的柜匠。以下的宣传语也能印证这一点。

"大卫·伦琴，英式柜匠，居住在莱茵河畔的新维德，制造和销售所有种类的柜体家具，英式、法式、最新潮流，应有尽有。承接：写字台、衣柜、卫生间台面、棋牌桌、钱箱、工作台、矮凳、造型椅、法式沙发等。"

那件命名了这份职业的最重要的家具去哪了呢？大衣橱，或者叫我说来当初那种法式的大橱柜？在宣传语中大橱柜根本没有被提及。这本新书的作者尽管附了大量优质的图片，但一个大橱柜也没有展示。它只是被遗漏了吗？不是的，因为根本已经不再生产了，它是不现代的。在伦琴工坊的时代，衣服已经不再储存在厚实的大橱柜里了，而是放在小柜子里，在英国被称作 closet，这个词的原意是锁（厕所封板——作为水管盖板———词也是这么来的，当然这是另外一件事了）。法国人称之为 penderie，德国人称之为壁柜。英国人和法国人坚持沿用了这项革新，但德国人又搬出了 17 世纪的衣物储存方式，用大衣柜装点自己的房间，即便里面只放了密封玻璃罐。废除大衣柜是建筑师的任务。现代性在建筑中争取着所有的荣耀，但是如果我们还在使用着跟蜡烛剪同一时代的物品，又有什么用呢？恰恰相反！我们已经领先一百多年了！从伦琴的家具列表上又该划掉一些东西了。现在的木匠完全只生产那些能移动的、灵活售卖的家具。其余的都属于房子，也就是说属于建筑师的工作领域。房子的后继者通过购买或租用接手了前任房主的一切。现今的每一个人都会对我们时代风格的天花板、地板、墙面和柜体家具（嵌入式家具）感到满意。当然建筑师们不能越界，在手工艺的领域烦扰那些木匠。木匠经手的家具是现代的，而今天那些建筑师的作品则不够现代。一旦建筑师"设计"了家具，人们会觉得奇怪："所有这些东西能互相搭配在一起吗？"只有当那些家具都是现代的，它们才会互相搭配。现代的东西永远互相匹配：鞋子、袜子、衣服、衬衫、皮箱。建筑师们则做不出这样的东西来。因为他不会知道，现代意味着什么。

在大卫·伦琴时代有过那样现代的人们，而现在只有我们的工程师和裁缝是这样。那些想做到尽可能好的人，并不知道什么是现代的。因为这种知道反而会排除现代性！这是真正的人和盲从的人之间尖锐的分界。时间会去芜存菁，只留下真正的人。

大卫·伦琴通过他制作的木制挂画让我能看见我的时代。我当即理解了他：已经跟家具无关了，现在是关于墙体。我们也可以说，关于嵌入式家具。因此，那些木版画才能给所有没有腐坏的人，也给所有的儿童，留下深刻的印象。

　　每个人从出生起就拥有了现代神经。人们所谓的教育，则是把这种现代神经转变为不现代的。

　　机缘巧合，我在美国曾进入一家镶嵌装饰工厂。一开始作为绘图员，然后在热砂轮机前做着色工，之后做嵌板制作工（每次切十二块薄片），最后做镶嵌工和锯工。只要想起那些"木制挂毯"就能给我干劲，把我的手工作品做得尽善尽美，虽然我是一个经过培训的砌墙工，但我认为这一点比我在理工学院的学习更重要。

　　这本手工艺书的每一位读者大概都记得，大卫·伦琴所参与过的木工产业有过一次剧烈的动荡：它关乎质量的概念。不是说我们今天做不到当时那么好的工艺。恰恰相反，这样的工艺是现在每个木工都具有的。那位已逝的艺术家之家的画家所说的，某种程度上也适用于手工艺："我们所有的人都想像拉斐尔或米开朗琪罗那样绘画，只要有人会为此买单。"

约瑟夫·费里希
（1929）

老费里希去世了。他昨天下葬了。

认识我的人知道我说的是谁。我的顾客都认识他。他的死会给人的住宅造成很大的变化。解释起来无法用几句话就说完。

大家知道，住宅产业的整个艺术活动在所有的国家都已经索然无味，其整体运作因为联盟、学校、教授、杂志、展览等已经无法带来新的刺激。现代手工业的整体发展，只要不被新发明影响，就取决于一个人。而这个人是我。这意味着，人们还一无所知。而我并不坐等我的讣告。我马上自己来宣布。

我意识到这几行字如果在我有生之年被印刷出来，将会引起多大的愤怒。但是，亲爱的读者，你还记得吗，在这几年中你被苛求承受怎样的家具和怎样的室内装潢？只使用了十年的所有的东西已经像一顶女帽一样变得毫不美观（你称之为"不现代"）。"别看那丑东西，那是我三年前做的。"现代的建筑师如是说，还因为这样的说法，被当作每三年都能超越自己的伟人来崇拜。没有工匠能说出这种话。带着这样的生活观念，人们把自己标榜为艺术家。

只有当人们能清晰地区分艺术和手工艺的时候，只有当骗子和野蛮人被赶出艺术殿堂的时候，简而言之，只有当我的任务完成的时候，一切才会改观。

1899 年我曾被邀请去协助分离派的一个艺术展，当时我回答道："只有当魏策尔[1]的皮箱和弗兰克尔的服装被展出，我才会参展。"对方以愤怒回应。三年前在巴黎的一堆"艺术品"——玩乐的富余产物（顺便提一下，维也纳的街头百姓也热衷于玩棋牌游戏——我们的应用艺术家们最新的言论支撑——塔罗牌，但是没有人要求人类为浪费的时间付钱），也就是在这些"高尚工作"的富余产物中间，展出了一些体面的皮具商的旅行箱，它们当然在标准样式上做了一些改动，这些改动会使得人们在每一个旅馆门卫面前显得窘迫，但是如果没有这些改动它们便不会被接受展出了——在维也纳工坊成立的那一年。我说："不能否认你们有特定的天赋。但这天赋并不在你们以为的领域。你们有女装裁缝的想象力。去做女装吧。"对方以愤怒回应。几年之后维也纳工坊有了一个附属的女性时装部门，而这个部门本身可以成为一个运转良好的商业公司（在那些艺术家听来是多么可怕的事情啊），而不是像人们骄傲地宣称的一样，维也纳工坊赖以生存的赞助者。

但我们的日常用品与所有这些艺术个体持续不断的自我超越毫无关系，它们的形式已经无须再被改进。人类就是期待着这样的形式。我远远逃离这个盛大的虚荣市集。有人会说我是吃不着葡萄说葡萄酸。在某种程

---

1 译注：详见《另类》一文中"人们卖什么给我们"的注释。

度上是实话。因为当我在斯图加特尝试展出一个作品的时候，被断然拒绝了[1]。我想要展出一个在空间里分割起居室的解决方案，而不是像迄今为止一样在平面上，在每一楼层上分割。我通过这项创造为人类发展省下了很多劳力和时间[2]。

但那些已经被解决的事物是没有发展余地的。它们几百年都保持同样的形态，直至一个全新的发明把它们淘汰，或者一种全新的文化形式把它们彻底改变[3]。

像是吃饭的时候围坐在桌边的习惯，以及对于餐具的使用之类，自两个世纪以来没有变化。与此相同，木工螺栓的固定和拆除方式也没有变化，因此我们不需要对螺丝刀进行改动。一百五十年以来我们用的都是一样的餐具。一百五十年以来我们用的都是一样的扶手椅。我们身边也有很多东

---

1 原注：展览的组织者对这个举措的借口并没有达成一致。在斯图加特，他们说市长对我个人有些意见，是市长愤怒地拒绝了我。后来他们又说是因为空间有限。但是建筑师布格瓦在最后一刻又加入进来，尽管甲方想要一个我设计的房子。在法兰克福，当地德意志制造联盟的主席对我说，我不够德国。对他来说的确如此。在他的圈子里，我的那句"为什么巴布亚人有文化而德国人没有？"被当作反德国的，或者是一个刻薄的玩笑。像他这样的德国人永远也不会懂得，这句话是一个流血的德国灵魂的表露。

2 原注：因为这是建筑学最伟大的革命：化平面图为立体空间！在康德之前，人类并不能在空间中思考，建筑师们不得不把厕所设计得与大厅一样高。只有通过对半分割才能获得低矮的空间。就像人类未来能够在立方体中下棋一样，别的建筑师们未来也能把平面图化解在空间中。

3 原注：给不了解这篇文章的攻击性的外行人解释一下，我和别人的区别在于，我认为使用方式决定了文化形式，也就是物品的形式；而别人觉得新创造的形式可以影响文化形式（坐、居住、进食等）。

西改变了。我们用地毯替代了经过打磨的地面，因为我们要坐在上面。我们用白色的平顶替代了带有装饰画的天花板，因为我们不想对着天花板看那些画。我们用电灯替代了蜡烛，用平滑的木板替代了很多嵌板装饰的墙面（或者用大理石更好），老扶手椅的复制品（每一件工匠作品都是复制品，无论模板是一个月之前的还是一个世纪之前的）适合每一个房间，波斯地毯也是。只有傻瓜才会要求每个人都有独一无二的帽子。

设计一件全新的餐室椅，我觉得是一件蠢事，一件纯属多余的蠢事，带来了时间的浪费和不必要的辛劳。齐本德尔[1]时代的餐室椅已经是完美的了。它就是最好的解决方案，无法被超越。像我们的叉子，像我们的佩剑，像我们的螺丝刀一样。那些不会钻螺丝、不会战斗、不会吃饭的人，轻易地设计出了新的螺丝刀、新的佩剑、新的叉子。他们借助于他们自称的艺术家的想象力。但我的马鞍工匠对给他带来一个新马鞍设计的艺术家说："亲爱的教授，如果我也像您一样对马匹、骑术、工艺和皮具知之甚少，那么我也会拥有您的想象力。"

齐本德尔椅那么完美，在之后所有时代的所有房间，在现在的所有房间里都显得合适。当然只有椅匠才能制作出来，不能是桌匠。但新的扶手椅是由桌匠制作的。椅匠和桌匠都制作木制品。箱包工匠和马鞍工匠都制作皮制品，但骑手会拒绝一个箱包工匠制作出来的马鞍。为什么？因为骑手懂得如何骑马。

----

1 译注：详见《家具与人》一文注释。

谁要是理解了那些来自人们还懂得围坐在餐桌边的时代的扶手椅，便会拒绝今天的那些扶手椅，或者不如说那些扶手椅的幽灵。他会选择老扶手椅的复制品，而这是做箱柜的木匠制作不出来的。因为椅匠绝迹了，没有后继者了，我经常被问道："万一老费里希不在人世了，您要怎么办呢？"

昨天他入土了。费里希帮我制作了所有的餐室椅。三十年来他一直是我忠实的同事。直到战前他雇用了一个助手，他高度评价了助手的工作。他不善于和如今的人交谈。那个助手在战争中被射杀了。从那以后他就一个人工作。他不想让扶手椅的质量下滑，找新助手也变得太贵了。而最终即便对他自己来说也不再有足够的工作了。我在外国的学生们找他干活。最近几年他也去巴黎工作过。他像我一样耳聋，因此我们俩互相理解得很好。例如，不同形状的扶手椅的木料是如何被挑选出来的啊！树根底部的木板构成了椅背，年轮部分一定要精确符合弯曲的形状。以及——不，我为什么要泄露一个已经绝后的作坊的秘密呢？

死亡通知书上写着，他享年六十七岁。直至他长眠的那一天，他一直独自在硕大的工坊里工作着，独自整天劳碌，想着提供最好的扶手椅给那些人，他们根本不了解自己花了便宜的价格得到的是何等的宝贝。报答那些为数不多带给我工作的顾客的极好方式，就是带他们去费里希那里。为此他们的孙子还会感激地想到我。

那些来订购家具的人对眼前的景象印象深刻，终生难忘。耳聋的匠师独自在硕大的工坊里。忠实的妻子帮忙转述每一个词。金婚。仿佛费莱蒙和鲍西丝[1]。回到路边的时候来访者总是眼眶湿润。

对我来说只剩下了顾客提出的那个焦灼的问题："万一他不在人世了，您要怎么办呢？"因为椅匠灭绝了，扶手椅，木制的扶手椅，也灭绝了。事物就是这样灭绝的。如果未来需要扶手椅，会有一个相称的后继者。索耐特椅[2]会替代木制扶手椅的，我在三十一年前就称它为唯一现代的椅子。柯布西耶也看出了这一点，并在他的作品里大力宣传，当然可惜是个错误的型号。然后是篮椅。在巴黎，在一个裁缝沙龙，我使用了一张漆成红色的篮椅。在我最新设计的住房（位于维也纳的史塔克弗里德小巷[3]）的餐室里，我使用了索耐特椅，它一度还使可怜的冬季运动者受到惊吓。

你啊，已故的匠师，我向你表达我的感激。我们的人生轨迹交错是彼此的幸运。我使你免于挨饿，而没有你我便没有扶手椅，或者只能花费我不能指望顾客会出的价格去购买。他们本该花费三倍于你的价格。你的不计回报，你这个已故的匠师，使得这些椅子得以存在。

那些从社会和国家经济角度思考的人会明白，为什么索耐特椅和篮椅能够获得统治地位，与此同时我们正悲伤地将老费里希的刨刀和他一起埋入地底。

---

1 译注：费莱蒙和鲍西丝（Philemon und Baucis）是古罗马诗人奥维德创作的道德寓言《变形记》第八卷登场的一对老夫妇，他们是好客、友善、亲切、恩爱的代表。

2 译注：索耐特椅（Thonetsessel）。索耐特公司是一家生产家具的德国家族企业，位于北黑森州的弗兰肯山，19 世纪在维也纳以使用弯木制成的家具闻名，之后开始生产钢管椅。经典的十四号椅在 1930 年时已经售出了五千万件。该公司是 20 世纪 30 年代世界上最大的钢管椅生产商，请来像马特·斯坦姆、马赛尔·布鲁尔、柯布西耶这样的设计师或建筑师进行设计。

3 原注：此处是指莫勒住宅（Haus Moller），尚存，可惜像卢斯的众多作品一样经过了改动。

奥斯卡·柯克西卡
（1931）

我在 1908 年遇见他。他画了维也纳"艺术展"¹的海报。我听说他是"维也纳工坊"的雇员，负责根据德国样式绘制扇面画、明信片之类——为商人服务的艺术。我立即就明白，这是一种对神圣精神的极度亵渎。我让人叫来柯克西卡。他来了。我问他现在在做什么？他说在塑一尊胸像（当时只在他脑中完成了）。我买下了它。我问他多少钱，他说一支香烟就行。成交，我从不讨价还价。不过最终我们还是以五十克朗²成交。

在"艺术展"上，他完成了一幅等身大小的挂毯画。它是展览的亮点，而维也纳人跑进去在它面前笑得前仰后合。我多想买下它，但它属于"维也纳工坊"。它的结局是在展览的瓦砾中，在垃圾堆里。

我向柯克西卡保证，即使他离开"维也纳工坊"，也还是能得到同等的收入，并且我帮他介绍工作。我把他送到瑞士，我生病的妻子所在的地

1 译注：奥地利象征主义画家古斯塔夫·克林姆特（Gustav Klimt）及他的团队于 1908 年在当时还未启建的维也纳音乐厅用地上临时搭建了一个名为 1908 维也纳艺术展（Kunstschau Wien 1908）的展览厅。

2 译注：奥地利克朗（Österreichische Krone），是奥地利和列支敦士登在第一次世界大战之后（1919 年至 1925 年）使用奥地利先令及瑞士法郎之间使用的货币。根据圣日耳曼条约规定，新成立的奥地利共和国不得使用旧奥匈帝国的货币，需要发行新的货币。由于严重的通货膨胀，1925 年克朗被先令取代。

方，并请求住在附近的福雷尔教授[1]让柯克西卡画像。我将完成的画向贝尔尼的博物馆管理局申请递交，打算换取两百瑞士法郎。被拒绝了。然后我将其递交给维也纳艺术家之家的展览。被拒绝了。然后又将其递交给克利姆特团队在罗马的一个展览。也被拒绝了。只有曼海姆艺术厅敢于收下这件画作。

这画只需花费两百瑞士法郎，却没有一个人，没有一个画廊想要得到它。

只要我的那幢房子还站在米歇尔广场边上[2]，我对柯克西卡的赞赏对旁人而言就证明着我的拙劣。

那么现在如何呢？

我当时跑遍整座城市，请求别人帮我赞助柯克西卡的作品，帮我减轻负担，花两百克朗买下一幅画，然而被轻蔑地拒绝了。于是现在柯克西卡的作品价格涨得越高，别人对我的愤怒也就越多。

我们俩都挺过来了。

在我六十岁生日的时候柯克西卡寄给我一封信，证明了最伟大的艺术家也同时拥有着最伟大的人性。

----

1 译注：奥古斯特 - 亨利·福雷尔（Auguste-Henri Forel，1848—1931），瑞士精神病学家、脑神经学家、昆虫学家、哲学家和社会改革家，被誉为瑞士精神病学之父，也是瑞士禁酒运动的重要代表人物之一。

2 译注：此处是指卢斯楼，位于米歇尔广场皇宫对面。该楼标志着与历史主义及分离派花卉装饰的同时脱离，被视作维也纳现代主义重要的建筑之一。在建造期间由于前卫的无装饰立面遭到众多民众与同时代建筑师的反对。

《装饰与罪恶》的故事 [1]

克里斯托弗·隆

熊庠楠　译

阿道夫·卢斯著名的《装饰与罪恶》（Ornament und Verbrechen）在他的作品中占有一个特殊的位置。在其完成的一百年后，它仍然是卢斯最广为人知的文章，同时也是现代设计中被广泛阅读和引用的论述之一。它被认为是定义卢斯建筑思想的代表作，同时也是理解卢斯独特的建筑思路的必读篇目。然而，令人惊讶的是，它的起源和背景几乎没有被研究过，而卢斯在这篇文章中的意图及这篇文章深远的意义则持续被误读和曲解。

在 1982 年出版的《麦克米伦建筑师百科全书》（*Macmillan Encyclopedia of Architects*）中，卡特·威斯曼（Carter Wiserman）在他介绍卢斯的文章中简要地总结了多年以来对《装饰与罪恶》的常规解读：

> 在他的文章中，卢斯越来越关注在传统设计、维也纳分离派，以及维也纳工坊的产品中出现的他所认为的过度的装饰。卢斯在《装饰与罪恶》中强烈地表示了对此事的恼怒。《装饰与罪恶》是一篇

---

1 本文的原文最初发表于 2009 年《建筑史学家协会学刊》（*Journal of the Society of Architectural Historians*）第 68 期，200—223 页。本文译文最初收录于 *Der Zug* 2015 年第三期，感谢龚晨曦的细心校译。

发表于 1908 年挑战当时实践的短文……这篇文章引起了轰动并在国外广为流传（勒·柯布西耶曾称之为"对建筑荷马史诗般的大清洗"）。它也很快成为现代主义建筑文献中关键的一篇。[1]

从 1930 年到今天，在几乎所有关于《装饰与罪恶》的解读中，同样的所谓"史实"持续地被复述。几十年来，研究卢斯的学者们都宣称这篇文章写于 1908 年，许多人还说它发表于 1908 年或 1910 年，却没有说发表在哪里[2]。事实上，这篇文章的起源和发表的故事与我们之前的认知十分不同。关于这篇文章的困惑不仅体现在它是什么时候写的或是

---

1 Carter Wiseman, "Adolf Loos", in Adolf K. Placek, ed., *Macmillan Encyclopedia of Architects* (London: Macmillan, 1982) 3:31.

2 例如龙尼·佩普洛 (Ronnie M. Peplow) 声称卢斯在 1908 年震惊了维也纳民众："Mit diesem Vortrag schockierte Adolf Loos 1908 das Wiener Publikum." 见 Ursula Franke 和 Heinz Paetzold 编辑的 *Ornament und Geschichte: Studien zum Strukturwandel des Oranments in der Moderne* (Bonn: Bouvier Verlag, 1996) 中 "Adolf Loos: Die Verwerfung des wilden Ornaments" 一文，176 页。马克·安德森 (Mark Anderson) 写道："现代主义对青年风格的拒绝，一个重要文献……是阿道夫·卢斯的争辩性的宣言《装饰与罪恶》于 1908 年在《新自由报》上首次发表"。参见 Anderson, "The Ornament of Writing: Kafka, Loos and the Jugendstil", *New German Critique 43* (Winter 1988), 133. 一种较早一点的解读认为卢斯这篇文章的写作时间是 1907 年。参见 "Adolf Loos", in *Wasmuths Lexikon der Baukunst*, vol. 3., ed. Leo Adler (Berlin, 1931), 546. 雷纳·班汉姆 (Reyner Banham) 20 世纪 50 年代晚期为这个误解添砖加瓦。他说："这篇文章在维也纳以外地区获得广泛关注……并在 1912 年赫瓦特·瓦尔登 (Herwarth Walden) 的表现主义杂志《风暴》中再次发表。"——他显然是没有检查信息来源（卢斯事实上从未在瓦尔登的杂志上发表过文章）。Banham, "Ornament and Crime: The Decisive Contribution of Adolf Loos", *The Architectural Review 121* (Feb. 1957), 88.

在哪儿发表的；另一个长期的误解则是关于它所谓的影响。1930年以来，在大部分学者的描述中，这篇文章得到的是民众"强烈的"反应和政府咄咄逼人的批评。同样，真相却与之相左并更为微妙——它也很好地反映了当时维也纳的情况。学者们至今仍然对卢斯的目标是什么、他为什么写出这篇文章、他是在怎样的情况下写的、他的思想来源于哪儿，以及这篇文章产生的大背景这些问题一知半解或是产生误解[1]。最近，卢斯还由于该文中"公然出现的种族主义和仇视女性的描述"而被攻击[2]。许多人还极其不公地指责卢斯一手把建筑装饰逼上绝路，或者至少忽略了装饰的重要性。

对现存资料证据和20世纪10年代整个环境的潜心研究，不仅使我们能够更清晰地理解卢斯为什么要写这篇文章，以及他的目的是什么，而且也能让我们看到种种误解是如何产生的。这项研究也显露了卢斯的理论和实践之间的紧密联系，以及业内和公众观点变化的大环境如何驱使他详细阐释他的观点。尽管卢斯想尽力阐明他的观点，这篇文章却发展出了独立的生命并产生了卢斯无法预见也不曾希求的后果。

---

1 在《诱惑的进化》（*The Evolution of Allure*）中，乔治·赫西（George L. Hersey）写道："1908年卢斯写了一篇题为'装饰与罪恶'的文章……他把所有建筑装饰判为返祖。"Hersey, *The Evolution of Allure: Sexual Selection from the Medici Venus to the Incredible Hulk* (Cambridge, Mass., and London: MIT Press, 1996), 131.

2 Bernie Miller and Melody Ward, "Introduction", in *Crime and Ornament: The Arts and Popular Culture in the Shadow of Adolf Loos*, ed. Bernie Miller and Melody Ward (Toronto: YYZ Books, 2002), 19.

《装饰与罪恶》的起源和第一次柏林演讲

1985 年，伯克哈特·鲁克史秋（Burkhardt Rukschcio）在他的文章《装饰与神话》中试图厘清《装饰与罪恶》的起源 [1]。他和罗兰·沙赫尔（Roland Schachel）共同撰写了关于卢斯的经典专著《阿道夫·卢斯：工作和生活》（*Adolf Loos: Leben und Werk*）。鲁克史秋从新的材料中得知：在文学音乐学术联合会（Akademischer Vreband für Literatur und Musik）的赞助下，卢斯在 1910 年 1 月 21 日在维也纳第一次以公共演讲的形式发表了《装饰与罪恶》。而且卢斯有完整的演讲稿。当时的一篇新闻文章证实了卢斯确实在 1 月底在维也纳举行了演讲，同时鲁克史秋发现的一份现存手稿里所包含的引用内容也表明这很可能就是卢斯那天朗读的稿件 [2]。

但新的证据表明事情的发展似乎还要复杂得多：尽管正如我们所知卢斯的维也纳演讲是他首次完整发布《装饰与罪恶》，但卢斯早在前一年 11 月的演讲中已经包含了文章中的许多要素。因此，1910 年的手稿很可能是 1909 年演讲稿的修正补充版本。

解开《装饰与罪恶》之谜的第一条线索来源于 1910 年 10 月的一篇文章。该文章是关于卢斯在维也纳圣米歇尔广场为古德曼萨拉齐服装裁制公司设计的一栋大楼（图 36）所引起的争议。卢斯在前一年开始这栋楼的

---

1 Burkhart Rukschcio, "Ornament und Mythos", in *Ornament und Askese im Zeitgeist des Wien der Jahrbuchdertwende*, ed. Alfred Pfabigan (Vienna: Brandstätter, 1985), 57-92.

2 同上，58-61.

图 36 （译者添加）古德曼萨拉齐服装店（又称卢斯楼），面向圣米歇尔广场，1910 年，维也纳，
摄于 2012 年夏
© 熊庠楠

设计工作，1910 年春这栋楼动土修建 [1]。到 9 月底，外墙业已完成并且墙
面也粉刷过了。外墙上部纯粹白色的效果（下部的石材饰面原预定下一年
安装）带有一种尖锐的现代感，也导致当地一家报纸（*Neuigkeits-Welt-Blatt*）
把它比作一个谷仓。这篇文章同时也指出卢斯是特意让建筑立面不加雕饰，
尽管这并不完全是真的 [2]。这篇文章几乎立即在公众中引起了极大的争议，
从而使得维也纳房管局（Vienna municipal building authorities）暂停了这
栋房子的建筑许可。柏林一家报纸报道这件事的时候说道："这位建筑师
是著名的'现代主义'艺术家阿道夫·卢斯。他去年曾在柏林做过一次引
起大量关注和评论的演讲" [3]。

在 1909 年 11 月卢斯确实在柏林演讲过一次，不过他用了一个不同的
演讲题目：《应用艺术的批判》。这次演讲在艺术商人保尔·卡西雷尔（Paul
Cassirer）的艺廊举行。该艺廊位于蒂尔加藤公园（Tiergarten）的维多利
亚大街（Viktoriastraße）35 号，离波茨坦广场很近。

卡西雷尔在 1898 年和他的堂兄布鲁诺·卡西雷尔（Bruno Cassirer）共

---

1 这座建筑的详尽发展年表参见 Karlheinz Gruber, Sabine Höller-Alber, and Markus Kristan, *Ernst Epstein, 1881-1938: Der Bauleiter des Loos hauses als Architekt* (Vienna: Holzhausen, 2002), 17-37.

2 "Der 'Kornspeicher' am Michaelerplatz", *Neuigkeits-Welt-Blatt*, 1 Oct. 1910, 1.

3 "Wiener Bausorgen", *Berliner Lokal-Anzeiger*, 9 Oct. 1910. 莱斯利·托普（Leslie Topp）在引用这篇材料的时候首次提到它有可能帮助我们理解《装饰与罪恶》的起源。参见 Leslie Topp, *Architecture and Truth in Fin-de-Siècle Vienna* (Cambridge, England: Cambridge University Press, 2004), 207-08.

同建立了这个艺廊。它很快就成为展示和购买柏林分离派艺术作品的一个窗口，其中包括马克思•利伯曼（Max Liebermann）和马克思•斯莱福格特（Max Slevogt）的作品。卡西雷尔同时也极力推广了凡•高（Vincent van Gogh）、塞尚（Paul Cezanne），以及其他法国印象派和后印象派艺术家的作品。从 1907 年开始，他开始发表文章介绍年轻的德国现代主义艺术家，其中包括艾尔莎•拉斯卡尔 - 舒勒（Else Lasker-Schüler）、海尔里希•曼（Heinrich Mann）、卡尔•施特海姆（Carl Sternheim）、艾斯特•托勒（Ernst Toller）和弗兰克•韦德金德（Frank Wedekind）。[1]

然而，卢斯柏林演讲的组织者却不是卡西雷尔，而是作曲家、艺术商人和出版商赫瓦特•瓦尔登（图 37）。瓦尔登生于 1878 年，原名为乔治•勒汶（Georg Lewin）。他曾在柏林和佛罗伦萨学习钢琴和作曲。20 世纪初期，他写现代歌曲，但他最为出名的是在 1910 年创办表现主义杂志《风暴》，以及发掘和推广了许多尚不为人知的年轻艺术家[2]。卢斯

---

1 关于卡西雷尔及他在促进柏林现代主义进程的作用，参见 Christian Kennert, Paul Cassirer und sein Kreis: *Ein Berliner Wefbereiter der Moderne* (Frankfurt am Main: Lang, 1996);Friedrich Pfaefflin, "herwarth Walden und Karl Kraus, Adolf Loos, und Oskar Kokoschka: Die Anfänge im Kunstsalon Paul Cassirer–1910", in R. Feilchenfeldt and T Raff, eds., *Ein Fest der Künste–Paul Cassirer: Der Kunsthandler als Verleger* (Munich: Beck, 2006).
2 关于瓦尔登和他在柏林现代主义运动中的地位，参见 Freya Mülhaupt, ed. *Herwarth Walden, 1878-1941: Wegbereiter der Moderne* (Berlin: Berlinische Galerie, 1991); Nell Walden and Lothar Schreyer, eds. *Der Sturm–Ein Einnerungsbuch an Herwarth Walden und die Künstler aus dem Sturmkries* (Baden-Baden: Klein, 1954).

图 37 阿道夫·卢斯（左），卡尔·克劳斯（中）和赫瓦特·瓦尔登（右）在维也纳，1909 年 10 月下旬。克劳斯介绍卢斯给瓦尔登认识。后者组织了卢斯 1909 年 11 月 11 日在柏林卡西雷尔艺廊的演讲。在该演讲中，卢斯发布了《装饰与罪恶》的早期版本

通过他的好朋友，维也纳讽刺作家卡尔·克劳斯认识了瓦尔登[1]。1909 年 4 月，瓦尔登接替了双周刊杂志《戏剧》（*Das Theater*）的总编一职，同年 6 月他来到维也纳并找克劳斯为杂志写稿。正是那时他认识了卢斯[2]。卢斯和克劳斯发现瓦尔登和他们志趣相投，于是他们开始和瓦尔登定期通信。

从他们现存的信件中很难分辨出到底是卢斯还是瓦尔登提出卢斯到柏林演讲的主意，但可以肯定的是瓦尔登找到卡西雷尔来组织这次演讲活动[3]。最直接的证据是卢斯在 1909 年 9 月 9 日向瓦尔登和卡西雷尔艺廊发出的一封电报，确认演讲时间为 1909 年 11 月 11 日[4]。这个时候，卢斯

---

1 关于克劳斯和他与卢斯在这段时期的关系，参见 Edward Timms, *Karl Kraus–Apocalyptic Satirist: Culture and Catastrophe in Habsburg Vienna* (New Haven and London: Yale University Press, 1986), 6-9, 117-28.

2 George C. Avery, "Nachwort" in George C. Avery, ed. *Feinde in Scharen. Ein Wahres Vergnügen dazusein–Karl Kraus-Herwarth Walden Briefwechsel 1909-1912* (Göttingen: Wallstein, 2002), 615. 关于克劳斯和瓦尔登之间的关系，参见 Peter Sprengel and Gregor Streim, *Berliner und Wiener Moderne: Vermittlungen und Abgrenzungen in Literatur*, Theater, Publizistik (Vienna: Böhlau, 1998).

3 瓦尔登通过女演员缇拉·迪里厄（Tilla Durieux）在 1909 年认识卡西雷尔。迪里厄次年嫁给了卡西雷尔。Anja Walter-Ris, "Die Geschichte der Galerie Nierendorf: Kunstleidenschaft im Dienst der Moderne, Berlin / New York 1920-1995", PhD dissertation, Freie Universit ät Berlin, 2003, 36. 迪里厄曾在维也纳学习表演，和维也纳及柏林的文化圈都有很好的联系，她同时也认识克劳斯和卢斯。参见 TillaDurieux, *Eine Tür steht offen: Erinnerungen* (Berlin: Herbig, 1954), 32-74.

4 原文为："adresse verloren 11 november sehr angenehm gruss dank = Loos." 卢斯于 1909 年 9 月 9 日发给赫瓦特·瓦尔登的电报。Sturm-Archiv, Staatbibliothek zu Berlin—Preußischerkulturbesitz, Handschriftensammlung.

并没有想好演讲的标题。一周后，在克劳斯给瓦尔登的信件中，卢斯在附上的一封短信中写道："我希望能在近期告知你我演讲的题目。目前为止，我想用《应用艺术的批判》。如果您不反对的话，那就它了。"[1]

瓦尔登在 10 月 23 日到 25 日来到维也纳；毫无疑问卢斯借此机会和他讨论了演讲的细节。一周多后，克劳斯写信给瓦尔登并确认他也会来柏林参加这次演讲，并且演讲当天他将和卢斯一起乘火车到德累斯顿。卢斯会在那里停留几小时准备演讲，然后将于当晚五点到达柏林的安哈特车站。那时距离演讲仅有三个小时。[2]

这次活动的官方赞助来自于瓦尔登所创办的艺术协会（Verein für Kunst）。这个团体的建立和组织效仿维也纳艺术和文化联合会。后者组织并发布现代音乐表演和先锋作家的文学作品；卢斯和克劳斯都是它的成员[3]。至少两家柏林的报纸在当天预告了卢斯的演讲，但是绝大多数到场的人可能都是应卡西雷尔和瓦尔登邀请而来[4]。卢斯那时在柏林并不出名，即使在维也纳，在获得圣米歇尔广场委托之前，他的名声主要是基于为报

---

1 "Ich...hoffe in den nächsten Tagen den Titel für meinen Vortrag einsenden zu können. Bischer haben ich: 'Kritik der sogenannten angewandten Kunst.' Wenn Sie nichts gegen diesen Bandwurm haben, so kann es blieben." 卢斯附在克劳斯给瓦尔登的信中的短笺。18 Sept. 1909, in Avery ed., *Feinde in Scharen*, 62.

2 1909 年 11 月 6 日，克劳斯在给瓦尔登的信中写道："我和卢斯一起驶往德累斯顿。他会和几个学生留在那儿为演讲做准备。"参见 Avery ed., *Feinde in Scharen*, 89.

3 参见 Avery ed., *Feinde in Scharen*, 447.

4 "Kleine Mitteilungen", *Berliner Tageblatt und Handels-Zeitung* 38 (11 Nov. 1909), n.p.; and "Verein für Kunst", *Vossische Zeitung 6. Beilage* (11 Nov. 1909), n.p.

图 38（译者添加）咖啡博物馆室内，1899 年，维也纳

纸写稿和一些小项目，如咖啡博物馆和坎特纳酒吧（Kärtner Bar，1908—
1909，后更名为 American Bar）（图 38 和图 39）[1]。直到下一年关于古德
曼萨拉齐服装店的争议爆发，卢斯才成为公众焦点。

 卢斯的柏林演讲没有留下任何手稿或笔记。新闻报道提供了关于他
演讲的内容及听众们的反应的线索。《柏林证券快递》（*Berlin Börsen-*

1 一年前，评论家理查德·绍卡（Richard Schaukal）把卢斯形容为"没房子建的建筑师，
没有学生的善辩的老师，敌人每天敬而远之的好战斗士"。Richard Schaukal, "Adolf Loos:
Geistige Landschaft mit vereinzelter Figue im Vordergrund". *Innen-Dekoration* 19 (Aug. 1908),
256. 关于此时卢斯的作品和理论的接受程度，参见 Ludwig Hevesi, "Eine American Bar",
Kunst und Kunsthandwerk 12 (1909), 214-15.

图 39 （译者添加）坎特纳酒吧，1908 年，维也纳
来源：Long, Christopher. Looshaus. New Haven (Conn.): Yale University Press, 2011.

Courier）¹ 报道卢斯讲了一口"风趣"的维也纳方言，不过也评价说他的
理论组织得不是很"系统"。该匿名报道称这次演讲批判的对象是设计
师制造日常用品（Gebrauchsgegenstände）的倾向。报道的人引用卢斯的
原话写道："但美术和工艺应该完全分开。"《柏林本地报》（*Berliner
Lokal-Anzeiger*）提供了一份非常类似的报道："卢斯想解放手工艺，把
它保留为它延续了许多世纪的自然状态。他从纯现实和个人的角度着力抨
击了艺术家们对此的干涉。"²

　　这些对卢斯来说都不算是新的想法：他从世纪初就开始发表这样的批
判言论，并在许多场合重述他的观点。但两篇报道中有几行文字格外突出，
两篇文章都引用了卢斯一句关键的话，"文化的进化意味着从日常用品逐
渐剥离装饰的过程"。

　　这句话显然是后来出版的《装饰与罪恶》中核心的一句³。这两篇报
道中没有其他内容能够引起关于《装饰与罪恶》的联想。然而一年后，在
和瓦尔登的通信中，卢斯把这次演讲叫作《装饰与罪恶》。这封信中，卢
斯和瓦尔登商量他即将举办的演讲，题为"建筑"。在这封信中，卢斯
还附上为这次演讲写的一个简短的广告："建筑师阿道夫·卢斯因他去

---

1 译注：《柏林证券快递》是当时德国左翼自由主义日报，其副标题为"现代全方位的日
报"（modern Tageszeitung für alle Gebiete）。它主要报道每日证券消息，但是也刊登关于工
商业、政治、文化的文章。文中的《柏林本地报》是当时德国发行量较大的日报之一。
2 *Berliner Lokal-Anzeiger*, 12 Nov. 1909 (morning edition), n.p.; *Berliner Börsen-Courier*, 12
Nov. 1909 (first suppl.), 7.
3 见本书中的《装饰与罪恶》一文。

年的《装饰与罪恶》的演讲而出名。该演讲引起了极大争议。"[1]《柏林本地报》应该是参考了这份广告，从而在 1910 年 10 月的报道中也把那次柏林演讲称为"装饰与罪恶"[2]。

　　卢斯的广告中关于他柏林演讲的内容有两个耐人寻味的问题：一、他说他"去年"在柏林做了一次题为"装饰与罪恶"的演讲；二、这次演讲"引起了很大的争议"。但是当时报道他演讲的报纸文章似乎并没有表现出这点。来自《柏林证券快递》的报道，尽管有点批判的意思，但是还算客气，而且完全没有提到听众有任何强烈的反应[3]。来自《柏林本地报》的报道写道："演讲结束的提问环节带来了许多有趣的思索。观众对演讲者报以友好的掌声，当然也不乏少许嘲弄。"[4]但是这种观众反应当然够不上卢斯口中的"很大的争议"。

　　卢斯的柏林演讲为什么没有引起很大的反对声音？原因很简单：卡西雷尔的艺廊并不是很大，听众的总人数应该不会超过三十或四十人；其中大多数人应该是卡西雷尔和瓦尔登的朋友或熟人，因此他们很可能本来就像卡西雷尔和瓦尔登一样赞成卢斯的想法。从现存的卢斯的书信来看，卢斯很希望他的演讲能够产生争议。1909 年 9 月，卢斯写信给瓦尔登讨论

---

1 Letter from Loos to Walden, Sturm-Archiv, Staatsbibliothek zu Berlin-Preußischerkulturbesitz, Handschriftensammlung. 这封信没有标明时间，但应该是 1910 年 9 月或是 10 月初写的。演讲在 1910 年 12 月 8 日举行。

2 "Wiener Bausorgen", 6.

3 *Berliner Börsen-Courier*, 12 Nov. 1909 (first suppl.), 7 (n. 21).

4 *Berliner Lokal-Anzeiger*, 12 Nov. 1909 (morning edition), n.p.

演讲的标题。在这封信最后一行，卢斯写道："标题应该起得能够吸引工艺艺术家（applied artists）入场。"[1] 卢斯期待能够和柏林的传统工艺者面对面地探讨为什么他们的努力是徒劳。他应该对于他的演讲并没能引起轰动感到非常失望。他次年秋天发送给瓦尔登的广告表明，他希望制造那次演讲更重要并更有影响力的假象。卢斯写给瓦尔登的广告指南表明他希望避免上次演讲的那种温和的反应，他叫瓦尔登扩大宣传力度："在张贴栏里的广告邀请所有夏洛腾堡（Charlottenburger，即柏林工业大学）的建筑学学生"，并且确保学校所有建筑学教授都收到书面通知[2]。

很难解释为什么卢斯声称他 1909 年 11 月在柏林的演讲题为"装饰与罪恶"。1910 年 3 月他在柏林又举行了一次演讲，那次的题目确为"装饰与罪恶"，有可能他只是记错了日期。但是考虑到两次事件离得很近，更合理的解释是卢斯自己把 1909 年 11 月的演讲《应用艺术的批判》看成是《装饰与罪恶》的一次预演。

没有证据表明卢斯为他 1909 年的柏林演讲准备了稿子。他显然只是准备了提要，或者临场自由发挥。当时的两篇报道说卢斯的演讲缺乏清楚的组织也从侧面证实了这一点。在卢斯职业生涯的晚期，20 世纪二三十年代，卢斯常常不准备稿子就演讲。他的第四任妻子，克莱尔·贝克-卢斯（Claire Beck-Loos），回忆说卢斯喜欢靠临场发挥来做公共

---

1 克劳斯写给瓦尔登的信中，卢斯随信所附便签，18 Sept. 1909, in Avery, ed., *Feinde in Scharen*, 62.

2 卢斯写给瓦尔登的信，未注明时间，Sturm-Archiv (n. 25).

演讲，卢斯曾说："我从不为演讲做准备，我总是在最后一分钟临时决定要讲的内容。我没法靠念稿子来做演讲。"[1] 但是现存的卢斯早年的演讲稿，包括《装饰与罪恶》和《我在圣米歇尔广场的建筑》，和他讲的话自相矛盾[2]。在第一次世界大战前，卢斯确实用不同的方式来做演讲，有时念稿子，偶尔自由发挥，有时一半一半。他可能无法清楚地回想起他在1909年的演讲中说了些什么，只是记得内容和最终版《装饰与罪恶》密切相关。

卢斯常常重用过去的材料，这无疑更加模糊了他的记忆。正如许多学者指出，《装饰与罪恶》中许多想法和图片都来自他此前的文章[3]。例如，在《多余的"德意志制造联盟"》(写于1908年) 中，有一段文字表述了《装饰与罪恶》的主旨："装饰日常用品是艺术的开始。巴布亚人在他们的家居物品上覆满了装饰。人类历史显示出艺术是如何从这种日常用品的制造和手工艺人的作品中挣脱出来而获得自由的。"[4] 除了这个时期关于卢斯的报道，卢斯的好友们也在他们的作品中影射过类似的想法。在1909年11月前，克劳斯在他的报刊《火炬》(*Die Fackel*) 中多次提到卢斯反对

---

1 Claire Loos, *Adolf Loos Privat* (Vienna: Böhlau, 1936), 105.

2 参见 Janet Stewart, *Fashioning Vienna: Adolf Loos's Cultural Criticism* (London and New York: Routledge, 2000), 22.

3 参见 Mitchell Schwarzer, "Ethnologies of the Primitive in Adolf Loos's Writings on Ornament", *Nineteenth-Century Contexts* 18 (1994), 225-47; Janet Stewart, "Talking of Modernity: The Viennese 'Vortrag' as Form", *German Life and Letters* 51 (Oct. 1998), 455-70.

4 Adolf Loos, "Die Überflüssigen", *März* 2, no. 3 (1908), 186.

装饰的想法；罗伯特·舒伊（Robert Scheu）发表在 1909 年夏季《火炬》中对卢斯的报道也预告了许多《装饰与罪恶》的观点 [1]。

可以说卢斯对于《装饰与罪恶》中的议题考虑了十多年后才写成我们今天所熟知的版本。他在 19 世纪 90 年代中期曾在美国旅居了三年，显然回国之前他就逐渐形成他对装饰的态度。在于 1898 年发表在《新自由报》上的文章《奢华的马车》中，卢斯首次清楚地发表对装饰的抨击 [2]。在之后的十多年中，正如他的写作所展现的，他不断为他反装饰的观点添砖加瓦 [3]。

《装饰与罪恶》和卢斯写于 1908 年的一系列文章有些许类似。这些

---

1 舒伊写道："英式工业中纯铁艺的美感，对于他们来说，平滑的表面很理想，而装饰堕落成'文身'。他们对于生活的理解升华：克服装饰！我们在文化上越先进，我们越抛弃装饰。" Robert Scheu, "Adolf Loos", *Die Fackel* 11, nos. 283-84 (26 June 1909), 32-33. 另参见 Wilhelm von Wymetal, "Ein reichbegabtes Brünner Kind (Adolf Loos 'Architekt und Schriftsteller, Künstler und Denker')", originally published in *Tagesbote aus Mähren und Schlesien*, 4 Jan. 1908; reprinted in *Konfrontationen: Schriften von und über Adolf Loos*, ed. Adolf Opel (Vienna: Prachner, 1988), 21-31; and Ludwig Hevesi, "Gegen das moderne Ornament: Adolf Loos", *Fremden-Blatt*, 22 Nov. 1907, 15-16.

2 Adolf Loos, "Das Luxusfuhrwerk", Neue Freie Presse, 3 Jul. 1898, 16; reprinted in Adolf Loos, *Ins Leere gesprochen* (Paris and Zurich: George Crès, 1921), 70-75.

3 关于卢斯早期文章的探讨，参见 Hildegund Amanhauser, *Untersuchungen zu den Schriften von Adolf Loos* (Vienna, 1985); Debra Schafter, *The Order of Ornament, The Structure of Style: Theoretical Foundations of Modern Art and Architecture* (Cambridge: Cambridge University Press, 2003), 185-90, 193-94; 以 及 Mitchell Schwarzer, *German Architectural Theory and the Search for Modern Identity* (Cambridge: Cambridge University Press, 1995), esp. 238-47.

文章包括《文化》、《现世赞》（Lob der Gegenwart）和《多余的"德意志制造联盟"》。这使得鲁克史秋和沙赫尔认为《装饰与罪恶》应也属于卢斯同一时期的作品[1]。但是这事实上是没有根据的。这三篇文章是为慕尼黑文学和文化杂志《三月》（*März*）而写的，由路德维希·托马（Ludwig Thoma）、赫尔门·海瑟（Hermann Hesse）、阿尔伯特·朗根（Albert Langen）和库尔特·阿拉姆（Kurt Aram）编辑。它们都只有两至三页，比《装饰与罪恶》短很多[2]。这个时期卢斯还写了大约相同篇幅的《文化的堕落》，很可能也是为《三月》而写，不过直到 1931 年才发表在他从1900 年到 1930 年的作品收录集《尽管如此》中。《装饰与罪恶》则要长很多——几乎是其他文章的两倍长——风格也大相径庭，更尖锐，沉郁，并且更善辩。

第一次维也纳演讲

可以确定的是，第一次柏林演讲的两个月后，卢斯在 1910 年 1 月 21 日在维也纳举行了一场题为"装饰与罪恶"的演讲。这次活动由文学音乐学术联合会官方赞助。

文学音乐学术联合会由维也纳学生于 1908 年建立。除了艺术和文化

---

1 Burkhardt Rukschcio and Roland Schachel, *Adolf Loos: Leben und Werk* (Salzburg and Vienna: Residenz, 1982), 114-15, 118.

2 同上。

联合会以外，它是唯一一家定期赞助先锋艺术、文学和音乐的组织[1]。评论家奥斯卡·茅忽斯·封塔纳（Oskar Maurus Fontana）观察说，最尖锐的知识分子们常聚集于该联合会[2]。这个协会组织了克劳斯的第一次公开演讲，也发布了埃贡·福里德（Egon Friedell）、弗兰克·韦德金德、斯蒂芬·茨威格（Stefan Zweig）等现代作家的作品。在第一次世界大战前的十年间，该组织也是作曲家阿诺德·勋贝格和他的弟子阿尔班·贝尔格（Alban Berg）、安东·韦伯恩（Anton von Webern）的热烈支持者，尽管他们深受业界和大众的反对[3]。这个组织成员通常是学生、艺术家和城中年轻一代的知识分子和文化阶层，他们也组成了卢斯1910年初的演讲的绝大部分听众。

我们不清楚这次演讲的地点。但是文学音乐学术联合会经常租用位于第三区马可瑟大街（Marxergasse）上的索菲大厅来举办大型活动。这个大厅能容纳大约两千七百人，但卢斯的演讲可能是在旁边的用来举办小型演讲和音乐会的小厅举行的。

---

1 Gregor Streim, "Vienna–Berlin Circa 1910: Avant-Garde and Metropolitan Culture", in *Oskar Kokoschka: Early Portraits from Vienna and Berlin, 1909-1914*, ed. Tobias G. Natter (New Haven and London: Yale University Press, 2002), 22; and Werner J. Schweiger, *Der junge Kokoschka: Leben und Werk, 1904-1914* (Vienna and Munich: Edition Brandstätter, 1983), 209–34.

2 Oskar Maurus Fontana, "Expressionismus in Wien, Erinnerungen", in Paul Raabe, ed., *Expressionismus: Aufzeichnungen und Erinnerungen der Zeitgenossen* (Freiburg: Walter-Verlag, 1965), 189.

3 Streim, "Vienna–Berlin Circa 1910", 22.

据我们所知，只有一篇文章报道了这次活动，发表在维也纳报纸《外来人报》（*Fremden-Blatt*）上。这篇未署名的评价有些让人惊讶的地方。作者提到这次演讲"不到半个小时"，而且指责卢斯是一个不善演讲的人："按一般的眼光看，阿道夫•卢斯算不上是个合格演讲人，他的讲话缺乏润色和修辞。"[1] 他也说到这次演讲伴有许多"相关幻灯片"并且最后卢斯获得了"热烈的掌声"。演讲后有"非常生动的讨论"，不过其中大多数不过是些"没有意义的打趣"（müßige Timpeleien）。[2]

卢斯又一次没能成功地引起争议。考虑到听众人群的来源，这也并不奇怪。到场的都是支持现代主义的人群，而且他们当中许多人或许已经从卢斯的写作和建筑旅行中熟悉了卢斯反对装饰的观点[3]。一部分听众无疑是卢斯的朋友和熟人。而另一大部分听众则是工业大学和建筑艺术学院的学生，他们中许多人都曾在咖啡店见过卢斯并听过他随性地谈论自己的观点[4]。

这篇评论全面地总结了卢斯的演讲，并引用了许多关键词和重要的句子，其中包括后来出版的《装饰与罪恶》的中心论题，说明这次演讲是《装饰与罪恶》的第一次完整呈现。作者忠实地记录了卢斯断言"文化的进化

---

1 "Ornament und Verbrechen", *Fremden-Blatt*, 22 Jan. 1910, 21.

2 同上。

3 参见 Adolf Loos, *Wohnungswanderungen* (Vienna, 1907).

4 卢斯是位于卡尔斯广场上咖啡博物馆的常客。这家店离两所学校都近。学生们常常坐在他桌子旁听他讲述他对建筑和设计的看法。参见卢斯自己对他的"学派"的描述，本书"我的建筑学校"一文。

意味着从日常用品逐渐剥离装饰的过程"，他的论题涉及现代装饰的剥削性质及艺术的色欲起源[1]。不过可以确定的是卢斯不只是在念稿子，因为即使是不紧不慢地朗读《装饰与罪恶》全文也只需要十五到二十分钟。这意味着卢斯应该有些自由发挥的内容，可能是讲解幻灯片，或是更细致地解释自己的观点。

卢斯很可能是在 1909 年 12 月或是 1910 年 1 月初首次完成《装饰与罪恶》。12 月份的头三周卢斯留在维也纳。现存的少量材料表明他应该在这期间设计古德曼萨拉齐的服装店。12 月 23 日他动身去瑞士和妻子共度圣诞节。他妻子，贝西·布鲁瑟（Bessie Bruce），那时在瑞士莱森（Leysin）一家疗养院接受结核病的治疗[2]。元旦那天他短暂地回到维也纳，但是几天后又动身去瑞士莱森，这次他和年轻的艺术家奥斯卡·柯克西卡同行。卢斯设法让柯克西卡留在疗养院为病人画像[3]。1 月 10 日后的某天卢斯重回维也纳。我们无法确定他到底是回来后的十天里还是在几周前完成了《装饰与罪恶》的写作。

我们对卢斯那段时间的想法不甚知道。12 月或是 1 月初，他把古德曼萨拉齐服装店的模型展示给建筑师罗伯特·厄雷（Robert Örley）和评

---

1 "Ornament und Verbrechen", *Fremden-Blatt*, 22 Jan. 1910, 21.

2 参见克劳斯在 1909 年 12 月 22 日写给瓦尔登的信，in Avery, ed., *Feinde in Scharen*, 129-30.

3 参见卢斯和克劳斯发给瓦尔登的电报，in Avery, ed., *Feinde in Scharen*, 140; postcard from Kraus to Walden, in ibid., 145. 卢斯前一年认识了柯克西卡，便把他拉到自己的庇护下，并设法帮他找委托和展览机会。Kokoschka, *My Life*, trans. David Britt (New York: Macmillan, 1974), 49.

论家理查德·绍卡（Richard Schaukal），以及他的客户利奥波德·古德曼和伊曼努尔·奥弗里希特（Emanuel Aufricht）看[1]。这个业已失踪的模型清楚地表现了建筑立面除了首层几乎没有任何装饰。厄雷不久后在《奥地利建筑师学会年鉴》（*Jahrbuch der Gesellschaft österreichischer Architekten*）上写道，他认为这栋建筑"应该会很不错"。不过他同时也认为这栋建筑"最初会受到很多批评"[2]。绍卡也告诉卢斯他将会面对和公众反对意见的一场苦战[3]。这些反应或许第一次让卢斯预感到在即将来临的一年中将会爆发（围绕着反装饰）的争议。

卢斯并未被吓倒。不仅如此，他在《装饰与罪恶》中尖锐的态度说明他决心把反对装饰的议题推向公众讨论。鲁克史秋在《装饰与神话》中提到的现存手稿很可能就是他当晚的演讲稿[4]。最明确的证据就是卢斯在细说奥地利公民文化发展程度的不同的段落中说："文化发展的速度被滞后者们拖累了。我可能生活在 1910 年的文化环境中，我的邻居生活在 1900年，而有些人甚至生活在 1880 年。"[5] 手稿上卢斯用 1910 年作为他自己

---

1 Rukschcio and Schachel, *Adolf Loos*, 147.

2 Robert Örley, "Jahresbilanz", in *Jahrbuch der Gesellschaft österreichischer Architekten 1909–1910* (Vienna, 1910), 101. 厄雷本身是一位重要的现代主义建筑师，也是卢斯的朋友。Andrew Barker and Leo A. Lensing, *Peter Altenberg: Rezept die Welt zu Sehen* (Vienna: Braumüller, 1995), 416.

3 Richard von Schaukal, untitled essay in *Adolf Loos zum* 60. Geburtstag am 10. Dezember 1930 (Vienna: Lanyi, 1930), 46.

4 Rukschcio, "Ornament und Mythos", 61.

5 Loos, manuscript for "Ornament und Verbrechen", [1910], 9; private collection.

生活的年代确定了他的写作时间应该就在这个时候。在他之后的演讲中，卢斯把时间依次改为 1911 年、1912 年，直到 1913 年他为这个题目做最后一次演讲。

《装饰与罪恶》写作时间的误判

许多年后，《装饰与罪恶》被认为是写于 1908 年。弗兰茨·格律克（Franz Glück）在 20 世纪 60 年代早期开始搜集整理卢斯的全部文章并集结成《阿道夫·卢斯论文全集（上下册）》（*Adolf Loos: Sämtliche Schriften in zwei Bänden*）。他在后记中解释了写作时间的误判是如何发生的 [1]。将 1908 年视为写作时间的情况第一次出现于 1929 年，即《装饰与罪恶》在《法兰克福人》上发表时 [2]。格律克和海里希·库尔卡（Heinrich Kulka）当时都是卢斯的助理；两人那时候开始收集卢斯零散的文章并在 1931 年集结出版了卢斯晚期写作的集子《尽管如此》。格律克没有署名，而库尔卡编集了文章并在"语言风格上加以润色"。他们二人判定了大多数卢斯手稿的完成时间，其中包括《装饰与罪恶》。他们把这篇文章发表在 1929 年 10 月 24 日的《法兰克福人》上，而这也是我们今天所读到的这篇文章的标准版本。格律克写到判定这篇文章和卢斯其他文章的写作时间有一些困难。

当《尽管如此》出版的时候，卢斯对他很多文章都没有印象。他从没

---

1 Franz Glück, ed., *Adolf Loos: Sämtliche Schriften in zwei Bänden* (Vienna: Herold, 1962), vol. 1. 只有第一卷出版了，第二卷从未出版。

2 Loos, "Ornament und Verbrechen", *Frankfurter Zeitung*, 24 Oct. 1929, n.p.

想过他会把文章集结成书。他的写作时间只是有时候在手稿上标明，很多
情况下是零碎甚至完全遗失的，而且他也不能完全确定那些文章曾在何时
在哪里发表过。在这里我们不会再（严格地）检查这些文章的写作时间，
不过我们对我们的判定很有信心[1]。

《装饰与罪恶》在《法兰克福人》上附带了简短的前言（可能是基于
卢斯自己给出的信息），第一句就说"这篇文章写于 1908 年"[2]。当这篇
文章两年后出现在《尽管如此》中的时候也标的是 1908 年。库尔卡和格
律克可能是从卢斯的其他文件或卢斯自己的口中获得的这个谬误的时间。
卢斯可能是记错了，或者是他想把文章的写作时间说成早两年来彰显自己
在反对装饰中的先知地位。可以肯定的是，编辑把文中关于文化发展阶段
的年代改成了 1908 年（"我生活在 1908 年……"），并把该文章的写
作时间也相应地定在了那一年。这个写作时间的判定被援引至多处，直到
鲁克史秋的文章出现并发布卢斯的手稿才让一些编者把时间改为正确的
1910 年。

卢斯的意图

弄清楚《装饰与罪恶》的写作时间不仅仅是一个学究的问题；它直捣
卢斯为什么写了这篇文章和为谁而写的核心问题。此处，他最初的手稿提
供了重要线索。在日后发表的版本中，卢斯点名抨击了三位当时著名的设

---

1 Glück, "Nachwort des Herausgebers", in Glück, ed., *Adolf Loos: Sämtliche Schriften*, 1:466.

2 Loos, "Ornament and Crime", *Frankfurter Zeitung*, 24 Oct. 1929, n. p.

计师：奥托·艾克曼、凡·德·维尔德和约瑟夫·奥尔布里希。正如鲁克史秋指出的，在原稿中卢斯也提到了约瑟夫·霍夫曼（卢斯称他为"艺术家霍夫曼"），但卢斯后来删掉了这一段[1]。

艾克曼是最简单的目标。他曾是世纪之交青年风格"风格华丽"阶段的著名的代表之一。他曾在《潘》（*Pan*）和《青年》（*Jugend*）杂志上发表绘画作品，并设计了该风格两种最流行的字体：Eckmann 和 Fette Eckmann。艾克曼死于 1902 年，在 1910 年看来他的作品就显得非常过时，这正是卢斯想表达的观点[2]。

卢斯对另外三人的抨击则更成问题。这三人在 20 世纪初期都继续工作，但他们的设计发展出了新的方向：奥尔布里希在他 1908 年死前回归了新古典主义（neoclassicism），截至 1910 年凡·德·维尔德和霍夫曼也开始采用新的风格：霍夫曼采用新古典主义（Biedermeier neoclassicism），凡·德·维尔德则趋向于基于纯几何的风格。但三人依旧使用外加的装饰，而正是这一共同点使得卢斯认为他们是合适的抨击目标。

日后许多评论者断言《装饰与罪恶》是针对青年风格的抨击，但这并不完全正确[3]。卢斯的目标并不是非难某一特定的风格手法，而是所有现

---

1 Rukschcio, "Ornament und Mythos", 61.

2 见本书中的《装饰与罪恶》一文。

3 参见 Anderson, "The Ornaments of Writing", 134-35. 在 "Cultural Degeneration" 中，卢斯承认在他的咖啡博物馆建成后，霍夫曼就不再使用回形纹，并且就建造技术来说，他也越来越贴近自己的设计方式。但即使今天，他依旧使用蚀刻、印刻或是镶嵌的装饰来美化他的家具。见本书中的《文化的堕落》一文。

代装饰的使用。他非常清楚新的设计方向即将浮现，而青年风格则在衰退。使他困扰的是霍夫曼和其他设计师仍然信奉新发明的装饰语言在现代设计中占有一席之地，并且他们仍然认为自己是艺术家。

作为艺术家的设计师和作为工匠的设计师之间的区别，是维也纳现代主义者圈内的基本分歧之一。而这个问题也是卢斯写作的中心议题。早在 1908 年，在发表于《装饰艺术》期刊上的一篇文章中，他曾试图把他和霍夫曼及其他"艺术家设计师"的手法区分开来："让我评论约瑟夫·霍夫曼很难，因为我完全反对今天的年轻艺术家们采取的方向，不仅仅是在维也纳。对于我来说传统是最重要的，而想象力的自由发挥则是第二位。"[1] 数年后霍夫曼在他的文章《简单的家具》（Einfache Möbel）中回击了卢斯的指责："我们要回归老的手工艺传统么？但愿不要。"[2]

在霍夫曼、科洛曼·默泽和银行家弗里茨·瓦恩多夫（Fritz Wärndorfer）1903 年共同成立了维也纳工坊之后，这两人间的争议加剧了。从一开始，卢斯便把维也纳工坊认作是绝对的后退。他确信工坊的产品进一步混淆了艺术和工艺领域的区别，而不是拥抱新时代的精神。"以前至

---

1 Loos, "Ein Wiener Architekt", *Dekorative Kunst* 1 (1898), 227.

2 Josef Hoffmann, "Einfache Möbel: Entwürfe und begleitende Worte von Professor Josef Hoffmann", *Das Interieur* 2 (1901), 37. 关于卢斯和霍夫曼之间日益增长的相互反感，参见 Rainald Franz, "Josef Hoffmann and Adolf Loos: The Ornament Controversy in Vienna", in *Josef Hoffmann Designs*, ed. Peter Noever, exh. cat. (Munich: Prestel, 1992), 12-13.

少"，他在 1907 年评价霍夫曼为一个方格金属大花瓶所做的设计的时候写道："一丝所谓的工艺艺术的意味还算明显，但现在检修孔盖上的网格都被做成花盆和果盘的装饰。"[1]

这样的驳斥成为卢斯在 1908 年对德意志制造联盟的批判文章《多余的"德意志制造联盟"》中的主要观点。他以反对艺术设计师这个概念为论点总结了这篇文章："我们需要的是'木匠文化'。如果所有的应用艺术家都去画画或扫大街，我们就会拥有这样的文化。"[2]卢斯随后一年的《应用艺术的批判》和日后的《装饰与罪恶》的完整版本是对应用艺术持续攻击的升级[3]。（在《应用艺术的批判》中，正如一个评论者所说的，他特别猛烈地抨击了像李美施密特德和凡·德·维尔德一样的改革者。）在没能激起他所希望的畅快回应之后，他把他的批判说得更加尖锐，把应用艺术家的野心等同于犯罪。

装饰与罪恶

对于卢斯来说，把装饰与罪恶紧密联系并不仅仅是一个机智的比喻。他认为制造装饰从根本上来说是反社会的行为，而那些本该更清醒理智的人——世纪之交在维也纳或中欧艺术中心从业的建筑师和设计师——却常

---

1 Loos, "Wohnungsmoden", *Frankfurter Zeitung*, 8 Dec. 1907, 1; Franz, "Josef Hoffmann and Adolf Loos", 14.

2 Loos, "Die Überflüssigen", 187.

3 "Kritik der angewandten Kunst", *Berliner Lokal-Anzeiger*, 12 Nov. 1909, n. p.

常误入歧途。"在我们的时代",他写道,"顺从内心冲动在墙上涂抹色情符号的人不是罪犯就是堕落的人。"[1]

如今在讨论《装饰与罪恶》的时候,人们常常忽略了卢斯是利用讥讽的方式来阐明他的观点。但在 1910 年 1 月维也纳的那些观众明白他的有些评论是为了博君一笑,即使当他阐明一个严肃论点的时候。维也纳表现主义诗人阿尔伯特·艾伦斯坦(Albert Ehrenstein)也是克劳斯和卢斯圈子中的一员,当他数年后回顾卢斯某次演讲时写道:"阿道夫·卢斯以一种极端搞笑的方式展现他严肃的想法。那些描述没文化的维也纳人的段子真是中肯。"[2]卢斯不是真的认为霍夫曼和其他使用装饰的人是罪犯,尽管他觉得他们的行为让人深感厌烦。他常常在他的写作和即兴演讲中采用嘲讽的态度,不时地用维也纳方言来加重幽默效果。这种尖刻但又有趣的批判是维也纳表演型作家和连载作家的固定方式。卢斯的好朋友克劳斯和彼得·艾滕贝格都是这种表现方式的大师,而卢斯借鉴了他们俩人的写作方法,且早于世纪之交以前就在他的写作中采用了这种手法。

但是,卢斯把继续使用装饰和犯罪或罪犯拴在一起并不仅仅是为了逗

---

1 见本书中的《装饰与罪恶》一文,另参见 Werner Hoffmann, "Das Fleisch erkennen", in Alfred Pfabigan, ed., *Ornament und Askese im Zeitgeist des Wien der Jahrhundertwende* (Vienna: Brand-stätter, 1985), 120-21, 128.

2 Albert Ehrenstein, "Vom Gehen, Stehen, Sitzen, Liegen, Schlafen, Essen, Trinken", *Berliner Tageblatt*, 28 Nov. 1911, n.p.

笑他的观众或激怒他的反对人群。他的目的是展现"艺术家与设计师们为创造出一种现代美感的努力是徒劳和不合时宜的"。

把装饰和犯罪行为联系起来的想法并不完全是卢斯的创新。正如许多学者所指出的,意大利犯罪学家切萨雷·龙勃罗梭(Cesare Lombroso)的作品,尤其是他的《犯罪的人》(*L'uomo delinquente*,1876)或许启发了卢斯把装饰和底层社会罪犯的行为联系起来[1]。

龙勃罗梭曾在帕多瓦、维也纳和巴黎学习,撰写《犯罪的人》的时候在帕维亚大学(University of Pavia)任教。他声称文身和犯罪有很明显的联系,因为只有罪犯和原始人类才文身;而且他认为罪犯们是发展不健全的人类,或者说是进化上的倒退,他们的性格呼应了原始人类的野蛮天性。龙勃罗梭认为文身类似于身体烙印,显露了罪犯的内在气质和生物天性。《犯罪的人》在 1887 年被翻译成德语,其中他写道:"文身是人类粗野

---

1 译注:龙勃罗梭是意大利犯罪学家和精神病学家。在他之前的犯罪学家普遍认为犯罪源于人的自由意志和功利主义,而他强调生理因素对犯罪的作用。原注:Cesare Lombroso, L'uomo delinquente (Milan: Hoepli, 1876). 另参见 Lombroso's related discussion in *Palimsesti dal carcere: Raccolta unicamente destinata ogli uomini di scienza* (Turin: Fratelli Broca, 1888). 许多学者都曾指出龙勃罗梭启发了卢斯将装饰和犯罪联系在一起,如 Mark Anderson, *Kafka's Clothes: Ornament and Aestheticism in the Habsburg Fin de Siècle* (New York and Oxford:Oxford University Press, 1995), 180-82; Jimena Canales and Andrew Herscher, "Criminal Skins: Tattoos and Modern Architecture in the Work of Adolf Loos", *Architectural History* 48 (2005), 235-56; George L. Hersey, *The Evolution of Allure*, 131; Sherwin Simmons, "Ornament, Gender, and Interiority in Viennese Expressionism", *Modernism/Modernity* 8, no. 2(Apr. 2001), 245-76.

和最原始状态重要的标志之一。"[1]（他在"天生罪犯的生理和心理"章节中提到，他观察发现他研究的罪犯将近一半都有文身[2]。）

尽管没有证据证明卢斯读过《犯罪的人》，但他无疑知道龙勃罗梭的中心论点[3]。这本书的正文分成厚厚的两卷，并且其中许多内容都是关于不同犯罪类型的生理和心理概述。卢斯很可能是从间接渠道熟悉龙勃罗梭的著作的，要么是从介绍龙勃罗梭的观点的报纸杂志，要么是从他和克劳斯的交谈中。克劳斯对道德问题和犯罪司法系统十分感兴趣，并且伦理问题和社会行为的问题在他发表在《火炬》（这是克劳斯自己于 1899 年创办的报纸）上的文章中反复出现。截至 1910 年，克劳斯曾提到过龙勃罗梭高达六次以上，说明他非常熟悉后者的观点。

如果卢斯真的借鉴了龙勃罗梭的观点，那么是他把这位意大利犯罪学家的理论和其他材料联系了起来。其中显然包括欧文·琼斯（Owen Jones）的理论。在《装饰的语法》（*The Grammar of Ornament*，1856）

---

1 Cesare Lombroso, Der Verbrecher, in *anthropologischer, ärtzlicher und juristischer Beziehung*, trans. O. M. Fraenkel, 2 vols. (Hamburg: Richter, 1887), 254.

2 同上。

3 默阿凡斯基（Ákos Moravánszky）论证卢斯几乎毫无改动地使用了龙勃罗梭《犯罪的人》中讲述文身和犯罪关系的句子。Ákos Moravánszky, *Competing Visions: Aesthetic Invention and Social Imagination in Central European Architecture, 1867-1918* (Cambridge, Mass., and London: MIT Press, 1998), 370. Stephan Öttermann, *Zeichen auf der Haut: Die Geschichte der Tätowierung in Europa* (Frankfurt am Main: Syndikat, 1979), 64. 龙勃罗梭确实在《犯罪的人》中描述了波利尼西亚岛群上文身的行为。但是除此之外，这本书中没有其他任何内容被卢斯使用在他的文章中。

的前言中有一幅展现毛利妇女带有文身的脸的版画，琼斯写道："这种十分野蛮的行径显示了高级装饰艺术的原则，脸上每一条线都经调整以产生自然的特征……野蛮部落的装饰，是（人类）天性的结果，也必然遵循它的意图。"[1] 琼斯的解说符合卢斯所坚持的"装饰人脸和所有周边事物的冲动是艺术的起源。它就像是孩童版的绘画"[2]。

也有可能卢斯参观了维也纳自然历史博物馆收藏的毛利艺术品，它们都是澳大利亚探险家和自然主义者安德烈亚斯·赖舍克（Andreas Reischek）在 1870 年到 1880 年从新西兰搜集而来的[3]。在超过十二年的时间里，赖舍克收集超过四百五十件毛利物品，包括武器、农具、独木舟上的装饰、房屋雕刻和个人装饰配件。博物馆获得了赖舍克的收藏并隆重地展览了它们。

他对原始巴布亚人的了解更有可能来自维也纳人类学家和人种学家忽多弗·佩西（Rudolf Pöch）的著作。佩西曾在 1901 至 1906 年到新几内亚探险考察，1907 年回到维也纳后就开始发表他研究的结果，也正是那时候卢斯开始在他的文字和演讲中使用"原始巴布亚人"的字眼。佩西拍摄的当地人的照片，以及记录的他们的语言和歌曲都在

---

1 Owen Jones, *The Grammar of Ornament* (London: Day and Son, 1856), frontis. ff. 另参见 Hubert Damisch, "L'Autre 'Ich,' L'Autriche-Austria, or the Desire for the Void: Toward a Tomb for Adolf Loos", *Grey Room* 1 (2000), 33, 40.

2 见本书中的《装饰与罪恶》一文。

3 关于安德烈亚斯·赖舍克的探险，参见其著作 *Sterbende Welt: zwölf Jahre Forscherleben aus Neuseeland* (Leipzig: Brockhaus, 1924)。

维也纳的新闻界引起广泛讨论。这些可能就是《装饰与罪恶》中图片的直接来源。[1]

但是卢斯对文化发展的构想的核心并不仅仅是原始巴布亚人，还有他从龙勃罗梭那儿获得的想法，即人类行为的相关意义，如文身："我们曾指出许多在文明社会所认为的犯罪在原始种族中却是正常并合理的行为。因此很明显，那样的行为在社会进化和个人心智发展的初级阶段是自然的。"[2] 卢斯在《装饰与罪恶》中写道："巴布亚人屠杀并吃掉他的敌人。他不算犯罪。但如果一个现代人杀了人并将他吃掉，那他就是一个罪犯或堕落的人。巴布亚人在他们的皮肤上文身，装饰他们的船和他们的桨，装饰基本上所有他能接触到的东西。他没有犯罪。文身的现代人则不是罪犯就是堕落的人。"[3]

卢斯对文化发展路径的理解——特别是他把装饰等同于堕落——无疑也基于马克思•诺尔道（Max Nordau）的著作。诺尔道 1849 年生于匈牙利布达佩斯的一个犹太人家庭。19 世纪末他成为欧洲一流的政治社会记

---

1 Rudolf Pöch, *Zweiter Bericht über meine phonographischen Aufnahmen in Neu-Guinea* (Britisch-Neu-Guinea vom 7. Oktober bis zum 1. Februar 1906) (Vienna: Alfred Hölder, 1907). 参见 Canales and Herscher, "Criminal Skins", 253. 卢斯在他更早期关于装饰问题的《豪华的马车》一文中，用印第安人而不是原始的巴布亚人来做比喻。他认为依赖装饰是印第安人的观点。此后，可能是为了回应佩西的观点，他才开始运用"巴布亚人"做比喻。Loos, "Das Luxusfuhrwerk", in Loos, *Ins Leere gesprochen*, 72, 75.

2 Gian Lombroso-Ferrero, *Criminal Man According to the Classification of Cesare Lombroso* (1911, New York: Putnam, 1972), 134.

3 见本书中的《装饰与罪恶》一文。

者，并作为在巴黎的派遣记者为维也纳《新自由报》、柏林的《福斯日报》
（*Vossische Zeitung*）及其他中欧报纸撰写稿件。他的著作《堕落》（*Entartung*，
1892）在世纪末的欧洲被广泛阅读。在此作品中，他发起对现代主义的猛
烈批判，引起了对文学和绘画中新流派的本质和价值的激烈争论[1]。诺尔
道从他"亲爱并尊重的大师"龙勃罗梭那儿借鉴了许多议题，并把该书
献给了他。新艺术的"粗暴和残忍的精神"让他希望幻灭，他抨击现代主
义者所用的词汇正是龙勃罗梭用来形容他临床工作中遇到的那些"不健全
的人"的语言[2]。"堕落的人"，诺尔道在《堕落》的前言中写道，"并
不总是罪犯、妓女、无政府主义者或疯子；他们常常是作家和艺术家……
他们用钢笔或铅笔来满足他们病态的冲动。"[3]他认定最好缓解新艺术"任
性"的办法是回归科学"不可抵抗和无法改变的"原则中去，回归因果关
系，回归理性观察和知识。艺术只有从推理联想中才能清楚地构思和表达。
在对科学发展的赞美中，诺尔道也阐明了他对达尔文进化论的拥护态度。
他相信人类需要适应变化的外界环境，并且不能把自己与这种需要隔离开
来；在纯想象中寻求庇护的艺术家——用他的话来说即是"神秘主义者"
（mystics）和"自大狂"（egomaniacs）——则是阻碍社会文化进程的
堕落的人（degenerates）[4]。

1 Max Nordau, *Entartung*, 2 vols. (Berlin: C. Duncker, 1892).

2 Max Nordau, *Menschen und Menschliches von heute* (Berlin: Vereins der Bücherfreunde, 1915), 30.

3 Nordau, preface to *Entartung*, translated as *Degeneration* (New York: Appleton, 1895); rpt. (Lincoln, Nebraska: University of Nebraska Press,1993), v.

4 参见 George L. Mosse, "Introduction", in Nordau, *Degeneration*, esp. xiii-xx.

卢斯从美国回来之后在 19 世纪末看到了诺尔道的著作。有可能是克劳斯引起了他对诺尔道的兴趣。克劳斯在《火炬》中曾多次提到诺尔道，并且"堕落"的概念常常出现在他的散文中。和龙勃罗梭的著作不同，卢斯的文章不仅仅是对诺尔道的论题的一种浅显理解。例如，在他的文章《文化的堕落》中，他把诺尔道对堕落和堕落的艺术的定义和他自己对德意志制造联盟及其目标的尖刻批判放在一起。这个主题在《装饰与罪恶》中又再次出现了。例如，在不加掩饰地批判象征主义画家的时候，卢斯写道："在我们的时代，顺从内心冲动在墙上涂抹色情符号的人不是罪犯就是堕落的人……一个国家的文化程度可以根据厕所墙上涂鸦的程度来衡量。"[1]

像这样的修辞方式、轻蔑不屑的语气，可能直接来源于《堕落》的影响。卢斯的批判也与诺尔道保守的态度一致，特别是他认为艺术和文化的新进步应该基于过去的发展。诺尔道强烈反对"发明"新的艺术形式，他相信真正的文化发展是"有节制的进步"的产物，而"有节制的进步"则是"自我节制的行为准则"的结果[2]。在《装饰与罪恶》中，卢斯通过比较城市生活中的"贵族"——即那些装扮上完全现代的人——和那些相对落后从而自制力较弱的人，表达了同样的想法："我能接受非洲人、波斯人、斯洛伐克农妇和我的鞋匠的装饰，因为他们没有别的方式来获得更崇高的存在感。而我们拥有超越装饰的艺术。在每日的辛苦劳顿之后，

---

1 见本书中的《装饰与罪恶》一文。

2 Mosse, "Introduction", xvii.

我们去听贝多芬的交响乐或《特里斯坦和伊索德》。我的鞋匠却无法这样。我不能夺走他制造装饰的快乐，因为我们没有别的东西来替代他的这种快乐。但是任何听完第九交响乐然后坐下设计壁纸纹样的人则不是罪犯就是堕落的人。"[1]

卢斯对装饰发展的理解也是对森佩尔（Gottfried Semper）和里格（Alois Riegl）所创学说的延伸讨论。在《风格》（*Der Stil*, 上下册，1860—1863）中，森佩尔跳出达尔文进化论的框架来考虑装饰的问题，并认为它从特定的文化源头自然发展而来，是特定材料和技术条件的产物[2]。里格，三十年后在《风格问题》（*Stilfragen*, 1893）中否定了由森佩尔设定的建筑结构、手工艺方法和装饰，以及达尔文的自然选择之间的联系[3]。卢斯应该对两者的学说都有足够的了解，并在此基础上把装饰的发展和文化进化直接联系起来，从而推动了相关的讨论。他似乎是从诺尔道那儿继承了美学是渐进发展这样的观念，或者延伸来说，从达尔文那儿延续过来这种看法（尽管达尔文在他最后的著作里否认自然选择存在纯美学的维度）。因此，"装饰与罪恶"既是 19 世纪进化论的讨论产生的结果，也推动延伸了该学说。它在一个拓宽了的文化框架下扩展了社会达尔文主义

1 见本书中的《装饰与罪恶》一文。

2 Gottfried Semper, *Der Stil in den technischen und tektonischen Künste; oder praktische Aesthetik: Ein Handbuch für Techniker, Künstler und Kunstfreunde*, 2 vols. (Frankfurt am Main: Verlag für Kunst und Wissenschaft, 1860-63).

3 Alois Reigl, *Stilfragen: Grundlegungen zu einer Geschichte der Ornamentik* (Berlin: Georg Siemens, 1893).

学者赫伯特·史宾赛（Herbert Spencer）的学说（卢斯毫无疑问了解史宾赛的学说）[1]。

《装饰与罪恶》特别值得一提的一点，是卢斯试图把文化发展和生命必要性联系起来。他在文章一开始就影射所谓的生命重演原则来建立这种联系，他写道："人类的胚胎在子宫里经历了动物界发展的所有阶段。"[2]

这想法最初来源于德国的生物学家恩斯特·海克尔（Ernst Haeckel），他坚持认为"胚胎的历史"和"人种历史"相关联[3]。卢斯不是唯一采纳海克尔学说的人，后者的书和文章在当时被广泛地阅读和讨论。他的《自然的艺术形式》（*Kunstformen der Natur*，1899—1903）中包含许多生动的花草的彩色图片，这些图片曾启发许多青年风格的艺术家创造出对自然形象风格化的描绘[4]。卢斯也显然借鉴了海克尔所持有的"艺术源动力"（Kunsttrieb），即认为所有生命内部存在趋向艺术表现的源动力。这个想法对世纪之交教育家和文化改革者的想法有广泛影响[5]。

后来的建筑学者谴责卢斯轻率地借用龙勃罗梭、诺尔道和海克尔的结

---

1 例如，扬·兹维基（Jan Zwicky）就批判了卢斯潜在的"种族主义"和"社会生物学"的言论，认为他的观点充斥了对于"进步"的错误解读以及对于阶级分层的眷恋。Zwicky,"Integrity and Ornament", in Miller and Ward, eds., *Crime and Ornament*, 205.

2 见本书中的《装饰与罪恶》一文。

3 译注：海克尔（1834—1919），德国生物学家、医生和哲学家。他将达尔文的进化论思想引入德国，并在此基础上发展人类进化论的学说。原注：参见 Ernst Haeckel, *Die Welträtsel: Gemeinverständliche Studien über monistische Philosophie* (Leipzig: Kröner, 1899).

4 Ernst Haeckel, *Kunstformen der Natur* (Leipzig: Bibliographischen Instituts,1899-1903).

5 参见 Jörg Mathes, *Theorie des literarischen Jugendstils* (Stuttgart: Reclam, 1984), 32.

论。例如，20世纪50年代晚期雷纳·班汉姆戏谑卢斯以龙勃罗梭及其他19世纪思想家的著作为基础来发展他关于装饰的想法的企图是"生奶油哲学"（Schlagobers-Philosophie），就如同把生奶油掼在桌上一盘令人期待的菜上，但当你凝视它的时候它就瓦解了，像是一块冷却的舒芙蕾。"这不是一个合理的立论"，他继续写道，"而是把几种论证——弗洛伊德餐、人类学餐和犯罪学餐——放在一个不稳的盘上进行冗长而没有结论的排列。"[1] 但班汉姆和其他后来提出类似评论的人忽略了这一点：卢斯关于装饰发展的论证或许是建立在一个脆弱的理论基础上，但他从未打算把他的文章设定在严格学术的语境里。他的文章更像是一次文化质询和一个更开放的讨论的一部分。他从一开始就希望娱乐听众，批判他的反对者，并建立自己的立场。《装饰与罪恶》，如同卢斯其他的文章，都是特别个人和主观的：他希望通过他认为的常识来和观众沟通。

《装饰与罪恶》的写作风格也格外耐人寻味。相较于大多数当今的建筑或是设计理论家，卢斯的表达十分清晰直接。他的德语句子简单有力，而他的口吻则稀松平常，好像是在谈话一般。（他的朋友奥托·施托瑟把卢斯"简洁谈话式的语言风格"比作伏尔泰风格的语言："悦目的纯净，就像是清冽的泉水。"[2]）他的文章没有显现出任何藏于知性的帷幕之后的做作和隐瞒。他设想他的大部分观众都了解龙勃罗梭、诺尔道和海克尔的理论。

---

1 Banham, "Ornament and Crime", 86.

2 Otto Stoessl, "Erinnerung an Adolf Loos", Welt im Wort (Vienna), 7 Dec. 1933, reprinted in Opel, ed., *Konfrontationen*, 167.

即便《装饰与罪恶》的情绪是争辩性的，它也不是直接颐指气使的语气。尽管与后来的论断相左，但卢斯本不想把他的讲话变成一个纲领性的宣言，至少不是通常意义上的。到此时为止，卢斯在他超过十年的设计生涯中很少或完全没有使用装饰。他的有些设计，例如 1904 年为玛利亚希尔夫（Mariahilf）街上通用交通银行（Allgemeine Verkehrsbank）设计的营业楼和住宅（未建成）甚至比古德曼萨拉齐服装店更坚决地反对使用传统建筑装饰。如果这篇文章后来被认为是论证了卢斯的设计策略，那它并没有为解决建筑形式的问题提供直接的良方[1]。卢斯确实从来没有在任何现存的演讲手稿中提到过圣米歇尔广场上的建筑或他的其他任何设计，他的字里行间也没有提及任何特定的建筑。只有后来在 1910 年末，当他把《装饰与罪恶》和《建筑》结合到一篇公开演讲稿中时，他才特别说到建筑设计中的具体问题。

关于装饰的论战

这次演讲的大背景是德语建筑报刊中对装饰的使用和合理性进行的讨论，它一开始和卢斯前卫的建筑和设计并无太大关系。从 1907 年到 1910 年出现了许多讨论现代装饰的文章[2]。一方面，青年风格过多使用装饰的

---

1 参见 Rukschcio, "Ornament und Mythos", 58.

2 同上，59. 对于当时德国关于装饰的讨论，参见 María Ocón Fernández, *Ornament und Moderne: Theoriebildung und Ornamentdebatte im deutschen Architekturdiskurs (1850-1930)* (Berlin: Reimer, 2004); and Gérard Raulet and Burghart Schmidt, eds., *Kritische Theorie des Ornaments* (Vienna: Böhlau, 1993).

行为激起了这个话题；另一方面，功能主义建筑和设计自出现就在德国和奥地利引起了热烈的讨论，这个事实也激发了关于现代装饰的思考。

关于装饰的论战最直接的导火索恐怕是德国评论家约瑟夫•卢克斯（Joseph August Lux）在 1907 年发表在《室内装饰》（Innen-Dekoration）上的一篇文章。卢克斯曾研究过约瑟夫•奥尔布里希和奥托•瓦格纳，他认定改革的建筑师和设计者在世纪之交对"装饰的更新"是"现代艺术第一个创造性的成就，不仅如此，新装饰让应用艺术有了新时代的精神生命，从而也强化了其他种类的艺术"[1]。他和其他作家的类似言论引发了青年风格的批判者的回应，他们认为诉诸装饰不是拯救设计，而是严重的失策。

之后的 4 月，评论家理查德•绍卡发表了一篇文章尖刻地抨击了赞成发展现代装饰的观点。他发表在《德国艺术与装饰》（Deutsche Kunst und Dekoration）上的文章《反对装饰》（against ornament）的开篇段落语调和卢斯极其相像："如果今天一个有想法的人为当今的商业文化而感到苦恼甚至悲哀，他问自己为什么我们的世界，至少是人造的那部分，变得如此丑陋不堪；如果他对美有着敏捷的觉察力和感受力，他会明白这个问题的答案是：这邪恶的敌人正是装饰。"[2] 绍卡对卢斯及他反对装饰的观点非常了解，认为装饰是"多余"并且"无用"的。他把分离派的作品

---

1 Joseph August Lux, "Die Erneuerung der Ornamentik", *Innen-Dekoration* 18 (1907), 291.
2 Richard Schaukal, "Gegen das Ornament", *Deutsche Kunst und Dekoration* 22 (Apr. 1908), 12-13, 15.

看成是患了"装饰疾病"（Ornamentkrankheit）的病体，并赞扬卢斯是唯一对未来——没有装饰的未来——有清晰构想的建筑师[1]。

德国评论家威廉·米歇尔（Wilhelm Michel）1909 年 7 月在《室内装饰》里回应，热情地为传统建筑装饰辩护，但也同意绍卡的观点，认为分离派把装饰从材料和结构逻辑中分离出来的倾向——用米歇尔的话来说，"没文化地剥离装饰"（kulturlose Emanzipierung des Ornaments）——导致对装饰设计的信心愈加丧失。尽管如此，他提出这个发展或许还有些正面影响："未来对历史的判定很可能认为青年风格产生了积极的成果：至少它包含创造新事物的意愿。它具有破坏性但同时也创造了新的可能性，尽管后者只是间接的副产品。"[2]

另一位德国评论家奥托·谢佛斯（Otto Scheffers）在《功能形式和装饰》（Zweckform und Oenament）中提出了一些不同的意见，该文章同年发表在《德国艺术与装饰》上。尽管没有完全拒绝装饰（"谴责所有装饰正如无节制地四处使用装饰一样愚蠢"），但谢佛斯认为在日常用品上使用装饰损害了实用的外表并掩盖了功能形式。他写道，装饰应该留给艺术作品，"因为装饰比平滑的表面吸引我们更多的注意和思考，所以华丽

---

1 绍卡写道："一位能人几年前已经开始反对装饰的横行了：维也纳建筑师阿道夫·卢斯。对于他来说，解决之道只有'去除装饰'，这事关信仰和良知。在他的理想中，他看到没有装饰的未来，人类从生产中的无用工作的诅咒中解脱出来，并且简化生产，让手工艺人从中获得益处。"Richard Schaukal, "Gegen das Ornament", *Deutsche Kunst und Dekoration* 22 (Apr. 1908), 12-13, 15.

2 Wilhelm Michel, "Die Schicksale des Ornaments", *Innen-Dekoration* 20 (1909), 232.

的装饰更适用于我们很少见到或短暂观看的物品，而不是我们常常看到或使用的物品"[1]。

也有一些人持续为装饰和现代美术工艺辩护。柏林建筑师和设计师安东·姚曼（Anton Jaumann）在 1910 年 1 月发表在《室内装饰》上的一篇文章中问道："论战真的结束了吗？"姚曼批判整个现代主义的美学系统，用他的话即"功能性、简洁性、建造性和材料的诚实"，认为这些都只有"相对的价值"[2]。德国艺术史学家及评论家奥托·舒尔策 - 艾博费尔德（Otto Schulze-Elberfeld）在 1910 年换了一种方式为装饰辩护。他承认装饰被误用了，并且在当今它正失去力量，但他提醒读者们：装饰仍然扮演着交流的角色——"真正的装饰就像语言"，并且这角色仍然是不可或缺的[3]。在舒尔策 - 艾博费尔德的眼中，装饰的问题在于很少有从业的建筑师或设计师通晓真正的装饰语言，而这个问题将最终宣告"装饰的象征性"的终结。

卢斯知晓这个讨论。毫无疑问他把《装饰与罪恶》看作是对该论战的贡献，甚至是对它的推动。他可能算得上是攻击依赖装饰行为的群体中最健谈的一位，但他绝对不是唯一持有该立场的人。他认为艺术应该从日常

---

1 Otto Scheffers, "Zweckform und Ornament", *Deutsche Kunst und Dekoration* 24 (1909), 238.

2 Anton Jaumann, "Der moderne Mensch und das Kunstgewerbe", *Innen-Dekoration* 21 (Jan. 1910), 1. 另参见 Wilhelm Michel, "Neue Tendenzen in Kunstgewerbe", *Innen-Dekoration* 21 (1910), 127-28, 135; E. W. Bredt, "Künstler und Helden", *Innen-Dekoration* 21 (Jul. 1910), 290, 293-94.

3 Otto Schulze-Elberfeld, "Über Ornament-Symbolik", *Innen-Dekoration* 21 (1910), 378.

用品中分离出来，这个主张也算不上独树一帜。德国社会学家格奥尔格·
齐美尔（Georg Simmel）早在 1908 年就主张艺术作品和日常用品的分离：
"工艺美术产品"，齐美尔写道，"将融入日常生活中。正因为如此，它
们所展现的完全是艺术作品的反面。艺术作品有专属它们自己的世界。"[1]

卢斯的立场不同于其他人的地方在于两个根本观点：作为文化的合理
进化的一部分，装饰将逐渐自行消失；另外，持续使用装饰不仅阻碍了现
代进步，而且加剧了对手工艺人的剥削，他们没有获得相应报酬。后一种
观点源于卢斯对传统手工艺人日益被逼与工业产品竞争的困境的理解和对
奥地利社会主义者运动的强烈支持[2]。

在另一个相关的争论中，德意志制造联盟的领导人之一——赫尔门·
穆特修斯（Hermann Muthesius）警戒性地反对机器制造的装饰：

> 正是因为……机器能让我们大量制造装饰，我们看到了日常用
> 品中劣质装饰的盛行，这导致我们的艺术标准沦落到了可悲可叹的
> 地步……装饰纹样投入百万人的市场导致了（装饰的）贬值。装饰
> 变得很普通。而对于有品位的人，过去十年工艺美术工业的发展导
> 致的格调尽失的现象已经积累到了一个让人不能忍受的地步。[3]

---

1 Georg Simmel, "Das Probem des Stiles", *Dekorative Kunst* 11 (Apr. 1908), 310.

2 这篇文章也同样涉及装饰的政治层面的问题，参见 Hélène Furján, "Dressing Down: Adolf Loos and the Politics of Ornament", *Journal of Architecture* 8, no. 1 (2003), 115-30.

3 Hermann Muthesius, "Wirtschaftsformen im Kunstgewerbe", lecture presented to the Volkswirtschaftlichen Gesellschaft in Berlin, 30 Jan. 1908, quoted in Peter Haiko and Mara Reissberger, "Ornamentlosigkeit als neuer Zwang", in *Ornament und Askese im Zeitgeist des Wien der Jahrhundertwende*, ed. Alfred Pfabigan (Vienna: Brandstätter, 1985), 110–11.

制造联盟的其他人很快响应了穆特修斯关于装饰的盛行导致了日用品标准滑坡的论点。有些人开始认为有装饰的工厂制品不如那些没有装饰的[1]。

可是卢斯并没有考虑工业设计中装饰的问题。《装饰与罪恶》中没有任何地方直接讨论量化生产的问题。他对于该问题的意见与材料的"浪费"和"滥用"以及（装饰样式）注定过时落伍有关[2]。卢斯，或许受托斯丹·范伯伦（Thorstein Veblen）的影响，不认为现代设计的快速更迭有益于经济，但对他来说，装饰问题对于工业的意义和他关于文化发展的论点相关。除此之外，他对于新设计对机器制造方式的意义没有多做考虑。

卢斯的信念仍然根植于 19 世纪对于手工生产的观点。他在一个石匠家庭成长的经历无疑对他的观点有些片面影响，但他的立场也是维也纳主要社会状态的产物。相较于快速发展成为工业生产中心的柏林或慕尼黑甚至德累斯顿，维也纳的经济仍着眼于手工业。在德国，急速发展的批量生产正碾压传统手工艺，但在长期作为"艺术产业"之都的维也纳，手工艺紧系着生活。维也纳工坊依赖极高标准的手工艺制造，而大量技艺高超的艺术家的存在是它成功的主要原因之一。卢斯对工业产品的沉默将他置于制造联盟当时的讨论之外，尽管他的观点最终将对新设计及其运用的发展产生极为深远的影响。

---

1 例如，德累斯顿的设计师卡尔·格罗斯（Karl Grosz）在 1912 年德意志制造联盟的年会上提出大众日用品上的装饰导致它们贬值。Karl Grosz, "Das Ornament", *Jahrbuch des Deutschen Werkbundes* 1912 (Jena: Diederichs, 1912), 63.

2 见本书中的《装饰与罪恶》一文。

第二次柏林演讲

1910 年 3 月 3 日，卢斯再次演讲《装饰与罪恶》，这一次是在柏林。这次演讲由艺术协会筹办，并再次在维多利亚街上的卡西雷尔沙龙举办。瓦尔登安排所有事宜。他希望这次演讲能宣传他的新文化杂志《风暴》的创刊。在之前几周，克劳斯和卢斯都不辞劳苦地在维也纳为该刊物寻找订阅者，并把收来的钱交于瓦尔登用作印刷的费用 [1]。卢斯还给了瓦尔登一百克朗作为演讲的宣传费用 [2]。

《风暴》的第一期在卢斯演讲的当天问世，其中包含了卢斯的一篇散文《可怜的小富人》（Vom armen reichen Mann）和该演讲的广告（图 40）。然而众多报纸却对此几乎没有报道。《柏林日报》（*Berliner Tageblatt*）简短地报道了当天的演讲，但其他主流报纸几乎都忽略了这个活动 [3]。只有两篇评论刊登了出来，其中一篇未署名的评论发表在第二天的《柏林日报》上。该篇准确地概括了卢斯的主要论点，复述他的那些在现代社会中持续使用装饰的人"不是罪犯就是堕落的人"的观点，并概括了他出于经济的原因反对装饰的立场 [4]。这篇全面的总结表明，这次柏林演讲的版本和他第一次维也纳报告完全一样或者极

---

1 Avery, ed., Feinde in Scharen, 148-69. 卢斯也为柯克西卡在该杂志谋了个职，并安排他搬来柏林。Dietrich Worbs, "Adolf Loos in Berlin", in Dietrich Worbs, ed., *Adolf Loos 1870-1933 Raumplan-Wohnungsbau*; exh. cat. (Berlin: Akademieder Künste, 1994), 7.

2 Loos, letter to Walden, 25 Feb. 1910, Sturm-Archiv.

3 *Berliner Tageblatt*, 3 Mar. 1910, second suppl., n.p.

4 "Ornament and Crime" in *Berliner Tageblatt*, 4 Mar. 1910, sixth suppl., n.p.

其相似，尽管我们对此无法
完全确认。

　　这篇评论中有三条信息
值得一提。首先，作者不正
确地将卢斯的论断引用成"装
饰即罪恶"，而且这种引用
在此后常常被重提。（卢斯
从来没有在发表的文字中说
过装饰即罪恶，而是说一个
使用装饰的"现代人"是"罪
犯或堕落的人"[1]。）该评论
人同时也扼要概括了卢斯讲
座对于应用艺术的意义："卢
斯现在论证了整个应用艺术
的历史本身就是个装饰"——
暗示设计中新的装饰运动违
背现代主义的内在本质——

图 40　卢斯第二次柏林演讲"装饰与罪恶"的广告
来源:《风暴》1910 年 3 月 3 日，第 8 页

这正是卢斯的观点。但是值得一提的是，该评论人并没有提到卢斯的观点
对建筑可能产生的影响；他 / 她理解该演讲是关于日常生活用品的设计，
正如卢斯所希望的那样。该评论人透露的第三条的重要信息使卢斯再次获

1 见本书中的《装饰与罪恶》一文。

得了观众赞同的回应，但是这个活动很少人参加，"昨天二十多人的观众给予了他一轮热情的掌声"[1]。

第二篇报道发表在一周半后的柏林讥讽杂志《玩笑》上。《玩笑》是《柏林日报》的一个副刊。这篇报道就不是那么正面了。这篇未署名的文章轻视卢斯的观点，把他描述为一个狂人，说他想对"五十位最显赫的柏林公民"——重要的实业家和纹样设计者——用刑并将其投入监狱，因为他们使用装饰的罪名成立。卢斯被描述为一边对着报道者高喊"远离致命的装饰！"一边尝试着把一把滴漆的画刷戳向他。评论人打趣地说："下次我见到他会更小心地穿一件毫无装饰的礼服。"[2]卢斯看到《玩笑》上的评论却完全笑不出来。在《风暴》1910年4月7日版上，他发表了一行简短的反驳："亲爱的《玩笑》！我跟你讲，将来有一天，关在由宫廷墙纸设计师舒尔策或凡·德·维尔德教授布置的牢房里会被视为加刑。"[3]

尽管《柏林日报》和《玩笑》对他的演讲有所回应，但是卢斯应该还是感到失望。几年后，在一份自传草稿中，他试图粉饰这次活动。他以第三人称形容这次演讲的影响："把工作（古德曼萨拉齐服装店设计）

1 "Zwanzig Zuhörer klatschen ihm gestern Beifall". *Berliner Tageblatt*, 4 Mar. 1910, sixth suppl., n.p. 卢斯演讲的观众包括克劳斯、瓦尔登、卡西雷尔和拉斯卡尔-舒勒。
2 "Der Ornamentfeind", *Der Ulk: Illustriertes Wochenblatt für Humour und Satyreeschien, Beilage zum Berliner Tageblatt*, 11 (18 Mar. 1910), n.p.
3 见本书《回＜玩笑＞》一文。

放到一旁，他在奥地利和德国巡回演讲，他的'装饰与罪恶'赢得了一大群支持者。"[1]事实上，直到1910年中期，卢斯对这两国都没产生什么影响，但这状况随着该年年末关于古德曼萨拉齐服装店的争议的发展被急剧改变了。

《装饰与罪恶》和圣米歇尔广场之争

第二次柏林演讲后不久，卢斯离开维也纳到南方旅行并为古德曼萨拉齐服装店寻找大理石材料。他首先来到摩洛哥和阿尔及利亚，接着去到希腊和意大利。他在5月或6月初返回维也纳[2]。在余下的夏天的大多数时候，他都在做施坦纳住宅（Steiner House）和古德曼萨拉齐服装店的立面设计。古德曼萨拉齐服装店那时已经开始建造了，到9月中已抹上了石灰面。那时各报纸开始报道卢斯打算在楼上几层的立面完全不加任何装饰。很快市政官方暂停了它的建筑许可，当月末就爆发了一场激烈的公开论战。

卢斯在若干报刊文章上为自己辩护，但是他为自己设计意图所做的辩解对日益增加的反对声音没有任何遏制的效果[3]。11月末，城市议会的成

---

1 Adolf Loos, "Adolf Loos Architekt (Selbstdarstellung)", first published in *Meister-Archiv: Gallerie von Zeitgenossen Deutschlands* (Berlin: Eckstein, 1915), reprinted in Opel, ed., Konfrontationen, 83.

2 Rukschcio and Schachel, *Adolf Loos*, 148.

3 Loos, "Wiener Architekturfragen". *Reichspost*, 1 Oct. 1910, 1-2; and "Mein erstes Haus!", *Der Morgen*, 3 Oct. 1910, 1.

图 41　卢斯柏林演讲《建筑》的广告
来源:《风暴》1910 年 12 月 8 日, 第 300 页

员卡尔·里克尔（Karl Rykl）攻击卢斯的设计, 称之为"一只巨兽"（ein Scheusal）, 并要求他重新设计立面[1]。

　　正是在这种情形下卢斯于 1910 年 12 月初在柏林做了题为"建筑"的演讲。这次卢斯在威廉大街上一个大得多的哈根大会堂（Hagensaal）进行演讲（图 41）。这次演讲再次由瓦尔登的艺术协会承办。很可能是卢斯自己策划了这次活动, 他显然希望他的想法在柏林收获的正面反响能够帮助他消泯一些维也纳的批评[2]。

　　这次演讲的节选一周后发表在《风暴》上。它主要讨论的是现代建筑的问题, 尽管发表在《尽管如此》上的版本只有一处明确地提到了古德曼

---

1 Gruber et al., *Ernst Epstein*, 25.

2 Loos, postscript to a letter from Kraus to Walden, 17 Nov. 1910, in Avery, ed., *Feinde in Scharen*, 275.

萨拉齐服装店 [1]。其中许多部分都是重述《装饰与罪恶》的内容。许多语句都是准确复制原文，包括卢斯的论点"文化的进化意味着从日常用品逐渐剥离装饰的过程" [2]。卢斯再次以原始巴布亚人为例论证了文身是过时的风格和堕落的象征 [3]。他也重复了原文中对应用艺术的讽刺和对手工艺制品的维护。《建筑》这次演讲极大地扩展了卢斯的文化论点，涵盖了他对当代建筑的批判。卢斯的核心意图是划分出艺术和日常房屋的区别："艺术"指的是纪念性建筑，而"日常房屋"则涵盖了民居形式和传统工匠的建造方式。他的论点简洁而直接，认为合理的房屋建筑应该能清楚表达自己的含义："一个房间应该看起来很舒适，一套房子应该住起来很宜居。法庭应该看起来对潜在的邪恶势力有震慑作用。银行应该传达出'你的财产在这里由诚实的人妥善保管'的理念……如果我们在丛林中经过一个小土丘，以脚丈量，六脚长、三脚宽，用铲子垒起，像个金字塔，一种肃穆之情便油然而生。我们心中有个声音说：'有人安葬于此。'这便是建筑。" [4]在这篇末尾，卢斯为他的论点加上西方文化，他写道："……是建立在对经典建筑的超群伟大之处的认同基础之上的。" [5]分离派和其他现代主义者，

1 译注：见本书中的《建筑》一文。值得一提的是，在《尽管如此》中这篇的时间也标错了，上面标注这篇写于 1909 年，尽管卢斯多半是在 1910 年 11 月或是 12 月——当他在圣米歇尔广场上的建筑引起巨大争议的时候——写下的这篇。这个错误出自库尔卡和格律克为卢斯收集《尽管如此》的文集的时候。他们显然问过卢斯，但是卢斯自己很可能记错了。

2 见本书中的《装饰与罪恶》一文。

3 关于卢斯文中特定的"原始"和民间设计的图例，请参见 J. Duncan Derry, "Loos's Primitivism", *Midgård* 1, no. 1 (1987), 57-61.

4 见本书中的《建筑》一文。

5 同上。

正如他们之前的复古主义者，忘记了古典主义经久不衰的榜样，从而偏离了建筑的正途。

卢斯的《建筑》融合了他原本关于装饰在应用艺术中的"文化问题"，这篇文章延续地方建筑传统的准则，规劝设计师们回归古典主义。通过这样做，这篇文章扩大了《装饰与罪恶》的主要论点的外延。在之后的几年里，当卢斯试图赢得古德曼萨拉齐服装店的战争时，这两篇文章将紧密相连。

慕尼黑和布拉格演讲及其后续

在柏林《建筑》演讲一周多后，卢斯在慕尼黑演讲《装饰与罪恶》。这场演讲 12 月 7 日在马克思米利安街上四季酒店的大宴会厅举行[1]。承办者是新协会（Neues Verein），这是一个主要由年轻艺术家、作家和设计师组成的组织，类似于维也纳文学音乐学术联合会。相对于在维也纳和柏林的演讲所收到的礼貌甚至是温暾的回应，至少慕尼黑的这次演讲产生了热烈的讨论。次日《慕尼黑最新闻》（*Münchner Neueste Nachtichten*）的一篇未署名的报道写道，卢斯已"向装饰宣战"。对他来说，"这（装饰）是一个完成式、死的、逝去的文化的一点残余……"尽管许多观众"对卢斯的演讲极感兴趣"并且也被他逗趣的论证方式吸引，但事后有三位观众"强烈批判卢斯的论调"，其中包括画家、插画家、设计师及作为《简单

---

1 "Vom Neuen Verein", *Münchner neueste Nachrichten*, 12 Dec. 1910, n.p.

化》（*Simplicissimus*）杂志的主笔之一的弗里兹·艾乐（Fritz Erler）[1]。
这样的回应也不足为奇。慕尼黑在世纪之交曾是德国青年风格的重要中心，
而在 1910 年它仍然是新装饰设计的温床。尽管卢斯预计他将会在这儿碰
到些反对他的意见，但声讨的浪潮显然还是惊讶到了他。

　　卢斯没来得及给予回应。他回到维也纳过圣诞节。贝西的身体越来越
差，几周后，他们去了利比亚。他把她安顿在沙漠中的绿洲小镇比斯克拉
（Biskra）的疗养院治疗后便回到了维也纳。

　　3 月中旬，卢斯再次演讲《装饰与罪恶》，这次是在布拉格。理工学
科协会，德国理工大学的一个学生组织，承办了这次演讲。该校是布拉格
三所建筑学院的其中一所。不同于第二次柏林演讲和慕尼黑演讲，布拉格
这次演讲宣传得很好。在演讲当天，《布拉格日报》（*Prager Tagblatt*）
发表了一篇关于卢斯的专题文章，称他为维也纳建筑师当中"极有趣的人
物之一"；他在圣米歇尔广场的新作品表现了激进的功能主义的原则，
而他正是这一派的代表[2]。卢斯用德语做的演讲，但很可能许多以捷克语
为母语的年轻建筑师也参加了，作家卡夫卡（Franz Kafka）也来听了他的
演讲[3]。

---

1 M. K. R., "Ornament und Verbrechen", *Münchner neueste Nachrichten*, 17 Dec. 1910, n.p.

2 Ludwig Steiner, "Adolf Loos: Zu seinem heutigen Vortrag in Deutsch-Polytechnischen Verein", *Prager Tagblatt*, 17 Mar. 1911, 7.

3 Vladimír Šlapeta, "Adolf Loos' Vorträge in Prag und Brünn", in Burkhardt Rukschcio, ed., *Adolf Loos*; exh. cat. (Vienna: Graphische Sammlung Albertina, 1989, 41-42; Anderson, *Kafka's Clothes*, 181. 另参见 Vladimír Šlapeta, "Adolf Loos a česka architektura", *Památky a příroda* 10 (1983), 596-602.

第二天，《布拉格日报》上的一篇报道（有可能为评论人路德维希·施坦纳所作）非常正面地评价了这次演讲。这篇文章的前三分之一总结了我们今天所见的《装饰与罪恶》文章中的基本观点。该文提到的卢斯的论点"一个生活在 1911 年的人不再使用装饰"，证实了卢斯不断与时俱进地更正文中的日期。最值得一提的是该文的中间部分。这部分概述了《建筑》文章中的主要观点，包括卢斯开场使用的一张简单农舍的风光的图片。报道的作者提到卢斯随后讲到了他在圣米歇尔广场的建筑作品，现在已接近完工 [1]。

这篇报道显示卢斯已开始把《装饰与罪恶》和一部分的《建筑》融合起来。在之后的一年半的时间里，把两文结合起来的说辞已成为他为自己激进的设计辩护时所采用的标准策略。确实，《装饰与罪恶》现已成为卢斯的政治说辞，他曾多次微调这篇文章来为他的作品辩解并招募同盟。这就是为什么许多人后来回忆起这篇演讲和圣米歇尔广场上卢斯的作品的争议有关。

布拉格的观众们，至少从《布拉格日报》的报道来看，对卢斯全无敌意。最后，作者写道，卢斯的演讲"俘获了所有听众，他们大多数是建筑专业的人，尽管许多人在某种程度上对卢斯的观点有所保留，但他们还是给予了雷鸣般的掌声"[2]。考虑到在 1911 年的布拉格，捷克立体派已陷入痛苦的挣扎，以及许多年轻的说捷克语的建筑师对建筑及设计中的功能主

---

1 Ludwig Steiner, "Vortrag Adolf Loos", *Prager Tagblatt*, 18 Mar. 1911, 9.
2 同上。

义批判得很厉害的情况，观众们对卢斯的友好回应就显得更加难得了 [1]。

第二天，卢斯在维也纳理工大学电子研究所的报告厅里又做了一场演讲，题为"关于站、走、坐、睡、吃和喝"（Vom Stehen, Gehen, Sitzen, Schlafen, Essen und Trinken）[2]。这场演讲内容的节选发表在《风暴》1911 年 11 月期上，算得上是卢斯这时期不出名的文章之一 [3]。它吸取了《装饰与罪恶》中的许多主题，尤其是卢斯对应用艺术的攻击和他对传统手工艺的肯定。它失去了《装饰与罪恶》中生动的画面：原始巴布亚人，文身和犯罪行为的相关性。卢斯以一种更直接的方式来讲述日常生活用品应该为它基本功能服务的道理。在赞颂民间日常用品的同时，这篇文章也呼应了《建筑》的推论。在《风暴》上发表的版本没有提到古德曼萨拉齐服装店。但在 1911 年 11 月，卢斯受瓦尔登之邀去谈论他的作品时，他扩展了这次演讲的版本并把它和自己的古德曼萨拉齐服装店联系了起来 [4]。

1911 年的夏秋，卢斯都致力于阻挡要求重新设计圣米歇尔广场服装

1 参见 Vladimír Šlapeta, "Adolf Loos und die tschechische Architektur", in *Wien und die Architektur des 20. Jahrhunderts: Akten des XXV*. Internationalen Kongresses für Kunstgeschichte, Wien 4-10. Sept. 1983, ed. Elisabeth Liskar (Vienna: Böhlau, 1986), 88-89.

2 Rukschcio and Schachel, Adolf Loos, 155. 另参见 "Vom Gehen, Stehen, Sitzen, Liegen, Essen, und Trinken", *Illustriertes Wiener Extrablatt*, 25 Mar. 1911, 8.

3 Adolf Loos, "Vom Gehen, Stehen, Sitzen, Liegen, Schlafen, Essen, Trinken", *Der Sturm* 2, no. 87 (Nov. 1911), 691-92.

4 Walden, letter to Kraus, 15 Aug. 1911, in Avery, ed., *Feinde in Scharen*, 348-49, 548.

店上层立面的呼声。到初夏，由于这场争议的压力，他患上了严重的胃溃疡。他在维也纳附近的一家疗养院度过数周，之后迁到山里的膳宿公寓慢慢恢复。

到 9 月卢斯尚未完全恢复，他再次发声维护他的设计。为了缓和争议，他提议在立面上面几层加上青铜的窗口花坛。虽然 10 月的时候还没有获得建筑许可，但他还是造了五个花坛并放到立面以观效果（图42）。城建局命令把花坛去掉，但卢斯和他的委托人都拒绝执行。12月，为了捍卫他的设计，卢斯举行了题为"我在圣米歇尔广场的房子"的演讲。这次演讲由文学音乐学术联合会承办，卢斯在能容纳超过两千七百人的索菲大厅演讲[1]。这次演讲对卢斯来说很成功，他以此说服了大多数听众。在此之前对卢斯的设计持批判态度的报纸也都赞许地报道了这次演讲，其中许多都称赞卢斯加上窗口花坛的折中提议[2]。1912 年 3 月 29 日，城市议会正式批准了这个设计，两个月后这个设计最后定案[3]。

尽管这个演讲已取得胜利，但卢斯在之后一年仍继续演讲《装饰与罪恶》，至少在 1912 年和 1913 年之间他再次在维也纳以此为题演讲（图 43）[4]。

---

1 Loos, "Mein Haus am Michaelerplatz", reprinted in Parnass, special issue, "Der Künstlerkreis um Adolf Loos: Aufbruch zur Jahrhundertwende" (1985): ii-xv; Rukschcio and Schachel, *Adolf Loos*, 163.

2 "Das Haus am Michaelerplatz". *Wiener Mittags-Zeitung*, 12 Dec. 1911, 2; "Das Loos-Haus auf dem Michaelerplatze". *Neue Freie Presse*, 12 Dec. 1911, 7-8.

3 Gruber et al., *Ernst Epstein*, 32.

4 Rukschcio, "Ornament und Mythos", 58.

图 42 古德曼萨拉齐服装店，阿道夫·卢斯设计，维也纳，1911 年末，已装上五个窗口花坛
来源：Bildarchiv Foto Warburg, Philipps-Universität

图 43 阿道夫·卢斯 1913 年在维也纳演讲"装饰与罪恶"的海报
来源：维也纳博物馆

尽管我们不知道确切时间，但我们了解到在这次争论期间或在这之后的时间里，他再次在慕尼黑演讲《装饰与罪恶》[1]。最后一次记录在案的《装饰与罪恶》演讲发生于 1913 年 4 月 5 日的哥本哈根[2]。

第一次发表

人们长期误解《装饰与罪恶》第一次发表的时间和地方。许多学者记叙它第一次发表在 1908 年（从《尽管如此》原版或其他来源获得的不正确的时间），或是 1910

---

1 1915 年，卢斯在他自拟的小传里引用了《慕尼黑报》对他演讲的评论，"他的演讲总的来说意思如下：对于艺术的精神来说，装饰即罪恶；建筑和艺术无关（建筑中只有坟墓和纪念性建筑属于艺术）。这听起来很矛盾。他提出了许多尖锐观点，都十分矛盾，有些就像扔下了一枚炸弹一般" "Adolf Loos Architekt (Selbstdarstellung)", reprinted in Opel, ed., *Konfrontationen*, 83. 这些关于建筑的观点说明这场演讲发生在 1911 年，因为那时卢斯开始把《装饰与罪恶》和《建筑》中的观点融合起来。此外，当年慕尼黑还有一家文化刊物《洋葱鱼》（*Der Zwiebelfisch*）也简短地提及了这次演讲。参见 "Vandalismus in Wien", *Der Zwiebelfisch* 3, no. 4 (1911), 140.

2 Thor Beenfeldt, "Adolf Loos", *Architekten: Meddelelser fra akademisk arkitektforening* (Copenhagen) 15, no. 27 (5 Apr. 1913), 266-27.

年。事实上，这篇文章直到 1913 年才以法语发表在 6 月刊的《今天的笔记本》（Les cahiers d'aujourd'hui）上 [1]。蒙彼利埃大学教授马塞尔·雷（Marcel Ray），同时也是法国主要的德语专家之一，把这篇文章翻译成法语。现存的少量证据表明，雷可能是通过教育改革家尤金·施瓦茨瓦尔德（Eugenie Schwarzwald）认识了卢斯。施瓦茨瓦尔德是克劳斯、卢斯和艾滕贝格所在的文化圈子中的一员 [2]。我们不清楚这两人是什么时候相识的，但雷翻译了《建筑》中的大量节选，并以"建筑和现代风格"（L'Architecture et le style modern）为题发表在了 1912 年 12 月的《今天的笔记本》上 [3]。接下来的春季或早夏，他为该期刊翻译了《装饰与罪恶》。多年后，雷纳·班汉姆在《第一机器时代的理论和设计》（Theory and Design in the First Machine Age）中误认为这篇文章是由杂志编辑乔治·贝松（George Besson）翻译的，并说这个翻译版本"生动，但是经过了大量删节" [4]。事实上，雷的翻译很忠实于原文，而且在至少一处优化了它。雷把主题句"文化的进化意味着从日常用品逐渐剥离装饰的过程"从德语 "evolution der kultur ist gleichbedeutend mit dem entfernen des ornamentes

---

1 Loos, "Ornement et crime", Marcel Ray trans., Les cahiers d'aujourd'hui 5 (June 1913), 247-56.

2 1911 年，卢斯曾为施瓦茨瓦尔德在维也纳南边的塞默灵的度假区设计过一所学校。尽管这项设计没有建成，但留下了一系列的图纸。参见 Rukschcio and Schachel, Adolf Loos, 178, 489-92.

3 Loos, "L'Architecture et le style modern", trans. Marcel Ray, in Les cahiers d'aujourd'hui 2 (Dec. 1912), 82-92.

4 Reyner Banahm, Theory and Design in the First Machine Age (Cambridge: MIT Press, 1980), 89.

aus dem gebrauchsgegenstände" 翻译为 "A mesure que la culture développe, l'ornement disparaît des bojets usuels"，把 "entfernen"（去除）换成了 "disparaît"（消失）。这个小改动更好地呼应了卢斯关于装饰会渐渐自行消失的论断 [1]。班汉姆正确地指出了通过在《今天的笔记本》上发表《装饰与罪恶》，该篇文章得以被更多别国的读者看到 [2]。这篇文章对法国的先锋一派人物产生了显著影响，其中包括柯布西耶，他在 1920 年把这篇文章刊登在了《新精神》（L' Esprit Nouveau）上 [3]。这篇文章的节选在 1926 年又再次刊登在了《生动的建筑》（L' Architecture vivante）上，然而直到 1929 年，当库尔卡（显然还有格律克）为《法兰克福报》（Frankfurter Zeitung）准备这篇文章时，它才第一次发表在德语刊物上 [4]。两周后，这篇文章被《布拉格日报》刊登，而一年后发表在《尽管如此》上的版本

---

1 Loos, "Ornement et Crime", 248.

2 Banham, *Theory and Design*, 89.

3 柯布西耶 1913 年秋季在《今天的笔记本》上读过法语版的《装饰与罪恶》和《建筑》。奥古斯特·佩雷（Auguste Perret）把刊有这两篇文章的杂志借给年轻的柯布。参见 Francesco Passanti,"Architecture: Proportion, Classicism and Other Issues", in *Le Corbusier before Le Corbusier: Applied Arts, Architecture, Painting, Photography, 1907-1922*, ed. Stanislaus von Moos and Arthur Rüegg, exh. cat. (New Haven and London: Yale University Press, 2002), 89 , 292, note 97. 柯布西耶在《新精神》（1920 年 11 月）上刊登了《装饰与罪恶》。在前言中，他写道："卢斯是新精神的先行者之一。1900 年前后，正是人们对青年风格兴趣达到顶峰的时候，在这个装饰过剩的时代，卢斯就开始了对这些倾向的讨伐。"参见 Le Cobusier, *L'Esprit nouveau* 2 (Nov. 1920), 159.

4 Loos, "Ornement et Crime", *L'Architecture vivante* 4 (Spring 1926), 28-30; "Ornament und Verbrechen", *Frankfurter Zeitung*, 24 Oct. 1929, n. p.

则成为该文的标准版本来源，直到 20 世纪 60 年代卢斯文集的发表[1]。

发表在《布拉格日报》上、介绍《装饰与罪恶》的前言，很大程度上导致了后来对于这篇文章的误解。库尔卡很明显是这段文字的作者，但是他无疑是在卢斯的授意下这样写的。这段文字显示了卢斯希望《装饰与罪恶》被铭记的意愿，但是其中许多断言都和历史事实相矛盾。

> 这篇 1908 年由维也纳建筑师所著的文章引起了慕尼黑应用艺术家们的暴乱，但在柏林演讲的时候收到了热烈的掌声。它至今还未以德语发表过……它今天展现给我们的是当新艺术运动盛行的时候，阿道夫·卢斯或许是当时唯一一个清楚什么是现代的人。正如阿道夫·卢斯二十年前设计的房子在当时引起了愤慨的风暴，在今天则被视为纯粹的功能表达。[2]

我们不清楚为什么卢斯认为有必要篡改历史真相。当然有可能他不记得当时的细节了，尽管那些把他描述成创新的思想家及现代主义的英勇殉道者的改动看起来颇为刻意。这部分对历史的改动可能源于卢斯对他 20 世纪 20 年代逐渐从现代主义者的前线上消失的状况的反抗。然而由于他讨伐装饰的事迹，卢斯在当时前卫文化圈甚至是较年轻一代中仍然享有较高的知名度。

20 世纪 20 年代中期卢斯致力于更正人们对他攻击装饰的误解，这使

---

1 Loos, "Ornament und Verbrechen", *Prager Tagblatt*, 10 Nov. 1929, iv.

2 Heinrich Kulka, foreword to "Ornament und Verbrechen", *Prager Tagblatt*, 24 Oct. 1929, iv. 这篇前言也被刊登在了 Glück, ed., *Adolf Loos*, 457-58.

得他重铸《装饰与罪恶》的故事的行为变得更加耐人寻味。在最初发表在捷克语建筑杂志《我们的方向》上，后又在《尽管如此》中收录的"装饰与教育"中，针对人们认为他要求根除所有装饰卢斯反驳道："装饰会自行消失……人类自其伊始便在进行的自然过程。"他也解释道，装饰可能对某些设计是正当、适宜的[1]。

卢斯在重塑《装饰与罪恶》的历史中起到多大作用，我们不得而知，但是不可辩驳的是，自从 1929 年之后，对于这篇文章是如何诞生的叙述就和已知的事实不符了。当《装饰与罪恶》1929 年以德语发表时，大多数人还是孤立地阅读它，而不了解卢斯在 1909 年到 1912 年所经历的一切。然而，最终只有把这篇文章结合到卢斯始于 1910 年初反对应用艺术家的运动和他后来为古德曼萨拉齐服装店所做的辩护，才能解释它的起源及其含义的演化。

装饰和意义

并不是原创性使得《装饰与罪恶》成为卢斯文章中格外突出的一篇。事实上，这篇文章中没有什么对于卢斯来说是完全新鲜的。他的大部分论点在他写这篇文章的前十年——在 1909 年末或 1910 年初就已经发展完成了，而且在之前几年其他理论家和批判家也先于他提出了这些观点。这篇文章与众不同的地方在于卢斯以一种完整的形式，一篇发展成熟的论证方法把他的观点集合起来。

---

1 见本书中的《装饰与教育》一文。

但卢斯不仅仅是把他的想法汇总，他使批判更尖锐，并善用图像和讽刺来激发他的反对者的反应。《装饰与罪恶》是卢斯对装饰的攻击尖锐化的结果：他企图确定最终比分——特别是和霍夫曼及其他维也纳分离派，并在装饰的论战中以他的观点最终定论。

这篇文章也标志了卢斯职业方向上的转变。它的写作时间恰好处在卢斯从室内设计向建筑设计转变的时期。他在设计第一栋房子的时候写了这篇文章。尽管其中没有直接谈到新建筑的问题，但它设想了一种脱离装饰的审美。卢斯认为自己伟大的发现，即文化进化的道路将远离在实用物品上使用装饰（的行径），是一个历史的概观。《装饰与罪恶》既是对过去的批判，又是对现代主义者未来的展望。

卢斯并没有对装饰失去信心，而是对我们制造并使用新装饰的能力失去信心。有罪的并不是装饰，而是这么多人都不承认装饰已不适用于现代建筑和设计的无法回避的事实。卢斯不愿排除在纪念性建筑上使用装饰的可能性——这个想法他在《建筑》一文中清楚地说明了——来源于他对传统的深深信仰。但他也同样相信装饰已濒临死亡并无力回天。《装饰与罪恶》中的过激观点，来自于他对那些忽略这个现实的人的愤怒。

到最后，卢斯著名的论断不仅仅只是对现代装饰的驳斥；从 1909 年到 1913 年他撰写并演讲这篇文章的周遭环境也展现了他在这个关键时刻的审美着眼点。刚开始他为激发对手的反应并说明自己的设计意图所付出的努力，在古德曼萨拉齐服装店的争议中，转化成为为他自己和他的作品所做出的辩护。《装饰与罪恶》是卢斯信念的宣言，是他对新时代特点的总结表达，是对他对手的抨击，是应对圣米歇尔广场设计之争的武器，也是对他艰辛工作和最终胜利的概览。

译后记

梁楹成

　　我在翻译这本书的同时，也在装修自己的家。卢斯在一百年前写就了这些文章，却在当下不断地暗合于我的遭遇，戳中我的内心。

　　某天，我翻着一本地砖宣传册的产品目录，内心不断地被那些光洁而繁复的渲染图所惊吓和折磨。现在的瓷砖，除去千奇百怪的花纹之外，已经能够完美地模仿很多材质，砂岩、板岩、大理石、洞石、橡木、花梨木、混凝土，甚至布和皮，简直无所不能，至少在图片上如此。我为此不得不感叹人类的勤劳和聪慧，更感叹如果人类把这份勤劳和聪慧用在别的地方，这个世界会不会变得更美好一些。

　　我曾经为了寻找水磨石地砖走了几家建材市场，几近绝望时，终于在一个角落发现了它的身影，欣喜若狂地走了过去。我在距离它一米的地方停下脚步，站着端详它，心突然凉了半截。它所散发的光泽与我心心念念的样貌有微妙的偏差，它好像没有认出我，没有对一个终于懂得赏识它的人回报以真诚的光彩。难道？我迟疑地指着它问店员："这是？""仿水磨石的瓷砖。高仿。"于是我放弃了。脑海里只有一个念头：放过我亲爱的水磨石吧。

　　卢斯欣赏物品的材质和做工，在《住手！》一文中写道："高档的材质和良好的做工不仅能弥补缺失的装饰，甚至在精致性上也能远远超过。"他到作坊里去探寻未被所谓艺术家所影响的技艺："我去工坊的时候谦卑得像个学徒，仰慕地看着穿蓝围裙的师傅们，并请他们分享经验。在建筑师面前，工坊的传统被羞怯地藏匿了。当他们知道了我的愿望，当他们了解到我不是那些用画板上的空想来糟践他们热爱的木头的人中的一员，当他们看到我无意把他们所敬畏的材料原本优美的颜色漆成绿色或紫罗兰色时，他们重燃匠人的自豪之情，向我详细地讲解了他们藏匿的工坊传统的秘密，并吐露对压迫者的不满之情。"（引自《建筑》一文）他坚信："材质和做工经得起时尚潮流的更迭，并不会因此而贬值。"（引自《住手！》一文）但我们的时代似乎与这样的品质不断远离。人们倾向于用一种材质模仿另一种价格更昂贵或做工更复杂的材质，并以为用便捷的方式获得了好处。瓷砖产业自从获得了丝网印刷乃至数控印刷技术的加持后，便再也回不了头。模仿之上再模仿，市面上充斥着各种带有印刷感的可怕产品。人们借由技术获得的"无所不能"，也反过来作用在自己身上，使人们对材质的感知变得越来越迟钝。

虚假的覆面和装饰使得物品的材质和做工沦为时尚的附庸，物品的寿命被时尚的寿命所限制。这不仅造成了物料和人工的浪费，也误导了人们对于时代精神的理解。因此，卢斯那样地厌恶所谓"风格"。

人们往往以为用风格就能解决问题。在所有的家装公司，所谓的设计师一定会先问："你想要什么风格？"我往往被此噎得说不出话来。我可以很具体地描述一个我想要的窗户，用几厘米的框，什么材质的窗台板，用何种方式固定窗帘，但我对"风格"一无所知，我并不知道有哪一个词语可以概括我所有的愿望和需求。而很多人与我恰恰相反。他们可以口若悬河地列举出各种风格，但同时并不知道一个自己真正想要、真正需求的窗户到底是怎样的。无可厚非，现代人本就活在符号的海洋里。但恕我直言，"你想要什么风格？"这句话，只不过是启动长长的利益链条的一个按钮。只要顾客对某一种风格的名字点了头，一切就都按部就班，用哪一套地砖样式，哪一款石膏线，哪一种吊顶造型，甚至在渲染图中复制哪一个系列的家具和软装产品，全部水到渠成。但它与设计无关。

它是一种控制工具，可以确保装修完的效果不至于惨不忍睹，确保不会拿一件明式书柜去搭配一顶水晶灯。但是一套在照片上看起来不太糟糕的寓所，与一个"家"，还是有着非常大的差距。

关于如何布置自己的家，卢斯在文章里进行了详细的论述。他不愿让家成为接连不断的风格的秀场，正如一位读者向他抱怨过的一样，"如今我结婚已经三十年了。其间我得忍受三次重新装修。我知道您要说什么。这一次是对的。这次会一步到位。但每次都是这么说。在德式复兴风格之后，接着巴洛克风格之后，然后帝国风格之后。我们幸运地略过了分离派。但我觉察到了它。"（引自《另类》一文中"住所"一节）卢斯这样回答这位绝望的读者："您看，如果您一开始就选择现代风格来布置家，您就可以省掉这些麻烦。……您的家本可以反映您的愿望和追求。您本可以拥有一个除了您自己没人能拥有的居所。您本可以拥有一个除了您自己没人能拥有的居所。但是虽然如此，您可以现在就开始着手创造您自己的家。这从来都不会太晚。您有孩子，他们将会为此感谢您。"（引自《另类》一文中"住所"一节）卢斯认为家是每个人生活上演的舞台，是每个人的身份特质的表露。卢斯在文章中频繁地将房屋与服装类比，一部分原因是为了表达更生动，而更重要的一点是，对他而言，房屋如同服装一样，是一种身份的体现，一种个人认同的体现。他对所有的人说："只有你们自己能布置你们的家，因为首先只有这样做，它才真正成为你们的家。如果让别人，不管是画家还是室内装饰师来布置，那它就不是一个家。它顶多只能算一系列酒店房间，或者是对一间住所的嘲弄。"（引自《另类》一文中"家"一节）而"你们的家随着你们形成，你们也会随着你们的家成长。"（引自《另类》一文中"家"一节）

卢斯最为人所知也最为人误读的文章《装饰与罪恶》，常常被当作对青年风格的批判。文中点名抨击了青年风格的代表人物奥托·艾克曼、凡·德·维尔德和约瑟夫·奥尔布里希，但其实此时青年风格已经日渐式微，艾克曼已于若干年前逝世，其他几位代表人物也各自找到了新的方向，凡·德·维尔德趋向于纯几何的风格，约瑟夫·奥尔布里希投向了新古典的怀抱。但他们都仍然继续"创造"着新的装饰。卢斯知道"风格"之后还有"风格"，"装饰"之后还有"装饰"。他并不是要批判某一特定的群体，而是使人们忘记他们自己的尝试。

卢斯反对新古典主义，嘲讽"家乡艺术"，批判青年风格，但他比所有他反对的人都更敬重古典，热爱家乡，拥抱现代。他反对、嘲讽、批判，是为了让世人不被一些光明的旗号所蒙蔽。他深信不疑："人们最终会舍弃像'家乡艺术'那样的虚假口号，而像我一直提倡的一样回归唯一的真实，即传统。人们会习惯像父辈那样建造，而不惧怕成为'不现代的'。"（引自《家乡艺术》一文）他以将骗子和野蛮人赶出艺术殿堂为己任。他说："我希望恶人的军火库消耗殆尽。我希望人们想起了他们自己。"（引自《家乡艺术》一文）因为"大自然只能与真实共存"。（引自《家乡艺术》一文）

其实，无论是谈论物品的材质和做工、衣着的得体、艺术与手工艺的分离或风格的虚妄，事实上他谈论的都是一个关于"真实性"的问题，关于物不假装为一个别的物、人不假装为一个别的人的问题。

在当下的人造环境里，真实性几乎无迹可寻。媒体更是大刀阔斧地改造着人们的感知，只有表象带来的片刻欢愉能刺激消费，创造就业。随着虚拟现实技术的发展，我们离活在游戏渲染的世界也已经不远了。模拟和虚构，对未来的世代而言，可能不再是对现实世界的补充和补偿，而变成与生俱来的本能。某一天，可能真会出现如《仿生人会梦见电子羊吗？》书中所描绘的景象，人类文明无所不能，但一只真实的、具有天然的心跳和呼吸的宠物，一个真实的、具有天然的心跳和呼吸的人的陪伴，会变得稀有而遥不可及。

我们戴上虚拟现实眼镜，可以回到文艺复兴时期的佛罗伦萨，也可以驾驶一百年后的宇宙飞船。这些都很好。但说到底，我们是谁？我们在哪里？我们生活在一个怎样的时代？我们在各种各样的狂欢过后应当在怎样的地方上厕所、睡觉、和最亲密的人进行亲密的交谈？我们是否能够借助模拟而假装自己全然生活在另一个时代，抑或另一种文化中？我们是否能够借助虚构而不必再面对自己？

卢斯文章中的所有论述，似乎都是在手工时代的背景下进行讨论的，最终在《约瑟夫·费里希》这篇文章中为那个逝去的时代唱了挽歌。这当然与他成长于一个石匠家庭，并生活于"艺术产业"之都维也纳不无关系。在同时代的德国，机器生产正急速发展，德意志制造联盟通过基于工业制造的建筑讨论迅速崛起。虽然制造联盟对卢斯有所关注，并差一点邀请卢斯来参加 1927 年的魏森霍夫住宅展，但卢斯似乎从未进入过与工业制造有关的讨论之中。他也更不可能设想在工业时代之后所到来的信息时代。

但是对卢斯而言，有一些东西是确定的。他始终认为，现代性是一种内在与外在的平衡。不管时代如何变化，人应当抵挡所有外在的蛊惑，应当始终忠于自己的内心，回归真实。"真实性"不是凭空而来的，更不能被谁设想出来。它关乎文化的由来，关乎源头，要去接续。

卢斯的贡献不仅在于米歇尔广场那幢具有挑衅意味的大楼、他所提出的体积规划的设计思想，更在于他作为骄傲的西方文明继承者孜孜不倦地对世人耳提面命：认识你自己。

卢斯说，多亏了他的工作，在他以前装饰和美联系在一起，在他之后装饰便等同于粗制滥造。我看了看手边的产品目录，觉得这场关于现代性的战争，又有续集可以拍了。

<h1 align="center">致　谢</h1>

由衷感谢在本书出版过程中促成缘分、提供帮助的所有人，特别是王娜编辑、作为 *Der Zug* 创刊主编之一的苏杭和在 *Der Zug* 及其他平台上对卢斯以及早期现代主义建筑进行过讨论的同学、前辈们。